零基础学

会声会影2018

全视频教学版

麓山文化 ◎ 编著

人民邮电出版社

北京

图书在版编目（CIP）数据

零基础学会声会影2018：全视频教学版 / 麓山文化
编著. — 北京：人民邮电出版社，2021.1
ISBN 978-7-115-51418-9

Ⅰ. ①零… Ⅱ. ①麓… Ⅲ. ①视频编辑软件 Ⅳ.
①TN94

中国版本图书馆CIP数据核字(2019)第106191号

内 容 提 要

　　本书是会声会影 2018 的入门教程，通过丰富的案例系统全面地讲解了会声会影 2018 的基本功能和部分高级功能，以及它在视频编辑工作中的具体应用。

　　本书分为 4 篇，共 14 章。第 1 篇为入门篇，主要介绍会声会影 2018 的基本界面和基本操作；第 2 篇为进阶篇，主要介绍会声会影中项目文件的使用方法，包括各种素材文件的导入、模板的使用、素材库的调用等；第 3 篇为提高篇，主要介绍如何应用会声会影 2018 中视频的制作和输出工具；第 4 篇为实战篇，通过时尚色块转场写真、唯美浪漫婚礼相册、吃货的美食日记、典雅中国风电影片头这四大实战案例帮助读者学习不同类型的视频编辑知识，具有极高的实用价值。

　　本书提供配套资源，包含书中案例的素材和效果文件，以及在线教学视频。本书简单易学、步骤清晰、技巧实用、实例可操作性强，适合摄像爱好者、影像工作者及视频编辑入门者阅读，也可作为大中专院校相关专业及视频编辑培训机构的辅导教材。

◆ 编　　著　麓山文化
责任编辑　张丹阳
责任印制　马振武

◆ 人民邮电出版社出版发行　　北京市丰台区成寿寺路 11 号
邮编　100164　电子邮件　315@ptpress.com.cn
网址　https://www.ptpress.com.cn
临西县阅读时光印刷有限公司印刷

◆ 开本：700×1000　1/16
印张：14　
字数：336 千字　　　　　　　　　2021 年 1 月第 1 版
印数：1 — 1 800 册　　　　　　　 2021 年 1 月河北第 1 次印刷

定价：69.00 元

读者服务热线：(010)81055410　印装质量热线：(010)81055316
反盗版热线：(010)81055315
广告经营许可证：京东市监广登字 20170147 号

会声会影 2018 是 Corel 公司推出的，专为个人及家庭设计的影片剪辑软件，不论是入门级新手还是高级用户，均可以通过捕获、剪辑、转场、特效、覆叠、字幕、刻录等功能，进行快速操作、专业剪辑，完美地输出影片。随着其功能的日益完善，会声会影 2018 在数码领域、相册制作及商业领域的应用越来越广，深受广大数码摄影人士、视频编辑人士的青睐。

编写目的

作为一款视频编辑软件，会声会影历来以简单易学闻名，再配上模块化的界面，可以给用户极佳的操作体验。而会声会影 2018 在视频编辑功能上较之前的版本更为强大，通过学习本书，用户将掌握较高级的会声会影编辑模块，包括 1 000 种以上的精致特效、音频工具、平移和缩放、蓝幕及 DVD 动态选单等高级功能，更深层次地体会会声会影 2018 所带来的便利。

本书内容

本书共分为 14 章，具体内容结构安排如下。

篇 名	内容安排
第 1 篇 入门篇	讲解会声会影 2018 的基本使用技巧，包括软件安装、卸载、启动与退出等 第 1 章：初识会声会影 2018 第 2 章：掌握软件基本操作
第 2 篇 进阶篇	主要介绍会声会影中项目文件的使用方法，包括各种素材文件的导入、模板的使用、素材库的调用等 第 3 章：掌握项目编辑方法 第 4 章：使用自带模板特效 第 5 章：添加与制作影视素材 第 6 章：设置与编辑项目文件
第 3 篇 提高篇	主要介绍如何应用会声会影 2018 中视频的制作和输出工具，有了这些，后期的合成视频将更具观赏性 第 7 章：制作视频文件 第 8 章：编辑与修整视频素材 第 9 章：校正与剪辑视频画面 第 10 章：制作专业滤镜特效
第 4 篇 实战篇	主要介绍常用会声会影制作的 4 个经典案例，通过介绍制作案例过程对前面所学进行巩固和应用 第 11 章：时尚色块转场写真 第 12 章：唯美浪漫婚礼相册 第 13 章：吃货的美食日记 第 14 章：典雅中国风电影片头

本书特色

为了方便读者学习与翻阅，本书在具体的写法上也别具一格，具体总结如下。

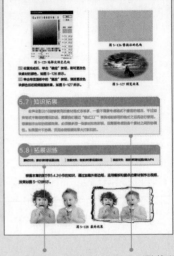

丰富案例：书中提供了相关实战案例，可以让读者边学边练，随时强化所学知识。

相关链接：对陌生的概念进行延伸讲解，或对已经介绍过的知识点进行回顾。

提示：针对软件中的难点以及设计操作过程中的技巧进行重点讲解。

拓展训练：通过拓展训练，读者能巩固本章所学到的知识。

知识拓展：通过知识拓展补充一些额外的知识点。

本书创建团队

本书由麓山文化组织编写，具体参与编写的有陈志民、江凡、张洁、马梅桂、戴京京、骆天、胡丹、陈运炳、申玉秀、李红萍、李红艺、李红术、陈云香、陈文香、陈军云、彭斌全、林小群、刘清平、钟睦、刘里锋、朱海涛、廖博、喻文明、易盛、陈晶、张绍华、陈文轶、杨少波、杨芳、刘有良、刘珊、赵祖欣、毛琼健、江涛、张范、田燕、刘志坚等。

由于编者水平有限，书中疏漏与不妥之处在所难免。在感谢您选择本书的同时，也希望您能够把对本书的意见和建议告诉我们。

编者
2020 年 10 月

资源与支持
RESOURCES AND SUPPORT

本书由"数艺设"出品，"数艺设"社区平台（www.shuyishe.com）为您提供后续服务。

配套资源
书中所有案例的素材和效果文件。读者可扫描下方二维码获取资源下载方式。

配套在线教学视频。读者可随时随地进行，提高学习效率。

资源获取请扫码

"数艺设"社区平台，为艺术设计从业者提供专业的教育产品。

与我们联系
我们的联系邮箱是 szys@ptpress.com.cn。如果您对本书有任何疑问或建议，请您发邮件给我们，并请在邮件标题中注明本书书名及 ISBN，以便我们更高效地做出反馈。

如果您有兴趣出版图书、录制教学课程，或者参与技术审校等工作，可以发邮件给我们；有意出版图书的作者也可以到"数艺设"社区平台在线投稿（直接访问 www.shuyishe.com 即可）；如果学校、培训机构或企业想批量购买本书或"数艺设"出版的其他图书，也可以发邮件给我们。

如果您在网上发现针对"数艺设"出品图书的各种形式的盗版行为，包括对图书全部或部分内容的非授权传播，请您将怀疑有侵权行为的链接通过邮件发给我们。您的这一举动是对作者权益的保护，也是我们持续为您提供有价值的内容的动力之源。

关于"数艺设"
人民邮电出版社有限公司旗下品牌"数艺设"，专注于专业艺术设计类图书出版，为艺术设计从业者提供专业的图书、U 书、课程等教育产品。领域涉及平面、三维、影视、摄影与后期等数字艺术门类；字体设计、品牌设计、色彩设计等设计理论与应用门类；UI 设计、电商设计、新媒体设计、游戏设计、交互设计、原型设计等互联网设计门类；环艺设计手绘、插画设计手绘、工业设计手绘等设计手绘门类。更多服务请访问"数艺设"社区平台 www.shuyishe.com。我们将提供及时、准确、专业的学习服务。

目录
CONTENTS

第2篇
进阶篇

第 3 章 掌握项目编辑方法

第 4 章 使用自带模板特效

第 5 章 添加与制作影视素材

第 3 篇
提高篇

第 7 章　制作视频文件

第 1 篇

入门篇

第 **1** 章

初识会声会影 2018

会声会影由加拿大Corel公司研发，是一款专门为视频爱好者及一般用户打造的操作简单、功能强大的视频编辑软件。该软件功能齐全，不仅能够满足一般视频制作需求，甚至能够挑战专业级的影片剪辑。

会声会影2018作为目前新推出的版本，在功能和视觉效果上有了很大的提升。本章将对会声会影2018相关基础知识和版本新增功能等进行初步介绍，为之后的实际操作应用打下坚实的基础。

本章重点

了解视频编辑常识

安装与卸载会声会影2018

软件的启动与退出操作

1.1 了解视频编辑常识

会声会影是一款专为个人及家庭等非专业用户设计的视频编辑软件，现已经升级到了2018版本。相较之前的版本，会声会影2018功能更加全面，操作更加简单，设计也趋于人性化。本节主要介绍视频编辑的基本常识，想要更好地运用会声会影2018，基础的视频编辑常识不能少，打好基础才是硬道理。

1.1.1 了解视频技术术语 重点

视频技术术语，是指在视频编辑中经常会用到的一些词语。为了能够更好地使用会声会影2018，首先得了解一些专业的技术术语。

1. 帧

帧是影像动画中最小单位的单幅影像画面。一帧就是一幅静止的画面，连续的帧就形成了动画。我们通常所说的帧率，就是在1秒钟时间里传输的图片的帧数，也可以理解为图形处理器每秒钟能够刷新几次，通常用FPS（Frames Per Second）表示。每一帧都是静止的图像，快速连续地显示帧便形成了运动的假象。高的帧率可以得到更流畅、更逼真的动画。每秒钟帧数越多，所显示的动作就越流畅。

2. 场

以水平隔线的方式保存帧的内容，在显示时先显示第一个场的交错间隔内容，然后再显示第二个场来填充第一个场留下的缝隙。视频中，因为逐行扫描和隔行扫描的原因，在采用隔行扫描方式进行播放的设备中，每一帧画面都会被拆分开来进行显示，而拆分后得到的残缺画面就称为"场"。

3. 分辨率

我们常说的视频多少乘多少，严格来说不是分辨率，而是视频的高/宽像素值。在一段视频作品中，分辨率是非常重要的，因为它决定了位图图像细节的精细程度。通常情况下，视频的分辨率越高，所包含的像素就越多，画面图像就越清晰。但需要注意的是，存储高分辨率视频也会相应地增加文件占用的存储空间。

通常，视频的分辨率有480P、720P和1 080P，它们有何区别？

一般的视频，其画面均有尺寸，如1 024×768，可以理解为一幅画面就是这么多像素。而480P、720P和1 080P是视频的清晰度标准，前方数字（如"480"）表示其垂直分辨率，字母"P"表示逐行扫描（progressive scan），480P也就是垂直方向有480条水平线的扫描线。其中480P为标清，效果相当于旧式的DVD；720P和1 080P为高清效果，具体介绍如下。

- **480P**：有效显示格式为640×480，纵横比（aspect ratio）为4:3，即通常所说的标准 电视格式（standard-definition television，SDTV）。 帧率通常为30 赫兹或60 赫兹。一般描述该格式时，最后的数字通常表示帧率。480P 通常应用在使用 NTSC 制式的国家和地区，例如美国、加拿大、日本等。480P60 格式被认为是准高清晰电视格式（enhanced-definition television，EDTV）。

- **720P**：720P 是美国电影电视工程师协会（SMPTE）制定的高等级高清数字电视的格式标准，有效显示格式为1 280px×720px。720P 是一种在逐行扫描下达到1 280px×720px 的分辨率的显示格式，是数字电影成像技术和计算机技术的融合。

- **1 080P**：1 080P 是美国电影电视工程师协会制定

的最高等级高清数字电视的格式标准，是数字电影成像技术和计算机技术的完美融合。有效显示格式为1 920px×1 080px，像素数达到207.36万。通常1080P的画面分辨率为1 920px×1 080px，即一般所说的高清晰度电视。帧率通常为60Hz，可标示在P后面，如1080P60。常见的帧率有24Hz、25Hz、30Hz。需要注意的是，并非高清视频就一定有1 080P的输出，其播放器一定要能支持1 920px×1 080px的分辨率才能算是真正的1 080P输出。

480P、720P和1 080P的视频清晰度对比如图1-1所示。

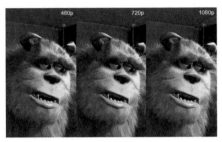

图1-1 不同分辨率效果对比

4. PAL

它是一个被用于欧洲、非洲和南美洲等地的电视标准。PAL意思是逐行倒相，也属于同时制。它对同时传送的两个色差信号中的一个色彩信号采用逐行倒相，另一个色差信号进行正交调制。这样的话，如果在信号传输过程中发生相位失真，则用于相邻两行信号的相位会起到画面色彩互补的作用，从而有效地克服了因相位失真而引起的色彩变化。因此，PAL制对相位失真不敏感，图像彩色误差较小，与黑白电视的兼容也好。

> **提示**
>
> PAL和NTSC这两种制式是不能互相兼容的，如果在PAL制式的电视上播放NTSC的影像，画面将变成黑白的；反之，在NTSC制式电视上播放PAL影像也一样。

5. 编码解码器

编码解码器是用于对视频信号进行压缩和解压缩的工具。现在，最基本的VGA显示器就有640像素×480像素。这意味着如果视频需要以每秒30帧的速度播放，则每秒要传输高达27MB的信息，1GB容量的硬盘仅能存储约37秒的视频信息，因此必须对信息进行压缩处理。

通过抛弃一些数字信息或容易被肉眼和大脑忽略的图像信息的方法，使视频的信息量减小，这个用于对视频进行压缩解压的软件（或硬件）就是编码解码器。

6. 压缩

压缩是一种通过特定的算法来减小计算机文件大小的机制。它可以减少文件的字节总数，使文件能够通过较慢的互联网连接实现更快传输，此外还可以减少文件的磁盘占用空间。在视频编辑中，我们或许会看到"有损压缩"这个术语，"有损压缩"是指通过去掉冗余的或不明显的图像数据来减小视频文件的大小。相应地，也有"无损压缩"，它是指用算术的形式合并冗余的图像数据而不是去掉数据来减少文件大小。

1.1.2 了解视频编辑术语 重点

在日常的视频编辑工作中，了解视频编辑术语有利于同行业者的交流与沟通，并且能够提升剪辑工作的效率。下面将介绍几项常见的编辑术语。

1. 素材

在视频编辑中，被编辑的对象通常称为"素材"。素材的范围很广，如照片、视频、声音、标题、字幕、色彩、遮罩、边框和Flash动画等。素材也决定了视频质量的好坏，高质量的素材在进行编辑的时候可以使视频获得极佳的视听效果。但是在视频编辑的过程中，应当注意所有素材的协调性，如果把1 080P和480P的素材合成到一起，两者的画质差别太大，就会导致影片观赏效果不佳。

2. 滤镜

指能够给视频或图像添加的特效，如图1-2所示。滤镜的操作非常简单，但是真正用起来却很难恰到好处。滤镜通常需要同通道、图层等联合使用，才能取得最佳艺术效果。如果想将滤镜效果达到最佳，除了要求用户具备一定的美术功底之外，还需要对滤镜有一定的熟悉度和操控能力，甚至需要具有很丰富的想象力。这样，才能发挥出滤镜的最大作用。

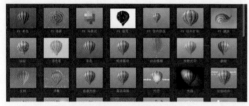

图1-2 各种滤镜

3. 画面宽高比

画面宽高比是指视频图像的宽度和高度之间的比率，主要包括4:3和16:9这两种，如图1-3所示。由于后者的画面更接近于人眼的实际视野，所以现在大多数视频的画面宽高比是16:9。在一定的宽高比视频中，像素密度越高，画面便会越清晰。

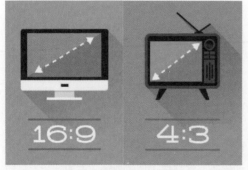

图1-3 不同的画面宽高比

4. 路径

这个路径并不是指文件的存储路径。在会声

会影中，有"路径"这一栏素材库，里面的素材都是一些基本动作，比如旋转、绕圈、"Z"形移动等。这些路径可以自由添加到图片素材上，使其动起来，并且可以自定义路径，使用户拥有更多创作空间和发挥想象力的空间。

5. 运动追踪

指在同一画面中，图像可以通过运动追踪跟着视频中的某一处进行相同的运动。运动追踪一般是为了打上马赛克或者添加静态图片，以使视频效果符合需求。它还能用于覆叠轨中的素材。运动追踪能够让图像"活"起来，在一般的视频编辑中可能接触较少，但在专业的视频编辑中，经常会用到运动追踪，来使画面更加协调一致。

6. 电视制式

电视制式是指电视信号的标准。目前各国的电视制式各不相同，制式的区分主要在于其帧率（场频）、分辨率、信号宽带及载频、色彩空间转换的不同等。电视制式主要有NTSC制式、PAL制式和DV制式等。

7. 复合视频信号

复合视频信号包括亮度和色度的单路模拟信号，即从全电视信号中分离出伴音后的视频信号，色度信号间插在亮度信号的高端。这种信号一般可通过电缆输入或输出至视频播放设备上。由于该视频信号不包含伴音，与视频输入端口、输出端口配套使用时，还应设置音频输入端口和输出端口，以便同步传输伴音，因此复合式视频端口也称AV端口。

1.1.3 了解支持的视频格式

会声会影2018支持的视频文件格式很多，有AVI、MPEG-1、MPEG-2、AVCHD™、MPEG-4、H.264、BDMV、DV、HDV™、DivX®、QuickTime®、RealVideo®、Windows

Media® Format、MOD（JVC® MOD 文件格式）、M2TS、M2T、TOD、3GPP、3GPP2等。下面就具体介绍几种常见的视频格式。

1. AVI 格式

它的英文全称为Audio Video Interleaved，就是音频视频交错格式。所谓"音频视频交错"，就是可以将视频和音频交织在一起进行同步播放。这种视频格式的优点是图像质量好，可以跨多个平台使用，其缺点是体积过于庞大，有时候十几分钟的视频就可以达到几GB。

2. MPEG-4 格式

该格式通过帧重建技术、数据压缩，以求用最少的数据获得最佳的图像质量。利用MPEG-4的高压缩率和高图像还原质量，可以把DVD里面的MPEG-2视频文件转换为更小的视频文件。经过这样处理，图像的视频质量下降不大但文件大小却可缩小为原来的几分之一，可以很方便地用CD-ROM来保存DVD上面的节目，现在的大多数视频也是这种格式。

3. DV 格式

DV格式的英文全称是Digital Video Format，是由索尼、松下、JVC等多家厂商联合提出的一种家用数字视频格式。目前非常流行的数码摄像机就是使用这种格式记录视频数据的。它可以通过计算机的IEEE 1394端口传输视频数据到计算机，也可以将计算机中编辑好的视频数据回录到数码摄像机中。这种视频格式的文件扩展名一般是.avi，所以也叫DV-AVI格式。

4. MPEG-1

MPEG-1是针对1.5bit/s以下数据传输率的数字存储媒体运动图像及其伴音编码而设计的国际标准，也就是我们通常所见到的VCD制作格式。使用MPEG-1的压缩算法，可以把一部120分钟长的电影压缩到1.2GB左右大小。

这种视频格式的文件扩展名包括：mpg、mlv、mpe、mpeg及VCD光盘中的dat文件等。

5. M2TS

这是一种视频文件格式，可支持多任务的影音流，多支持高清的Blu-ray Disc与AVCHD。用DV拍摄的视频文件在DV硬盘里的AVCHD目录内显示是MTS文件，这是一种采用MPGE-4AVC/H.264格式编码的高清视频文件，通过附带的PMB转换到计算机硬盘后变为M2TS。用这种优化压缩的视频格式拍摄出来的视频质量明显优于MPEG2压缩的HD高清格式。

6. nAVI

这是一个名为ShadowRealm的组织发展起来的一种新的视频格式。它是由Microsoft ASF压缩算法修改而来的（并不是想象中的AVI）。视频格式追求的是压缩率和图像质量，所以nAVI为了达到这个目标，改善了原来ASF格式的不足，让nAVI可以拥有更高的帧率。当然，这是以牺牲ASF的视频流特性为代价的。概括来说，nAVI就是一种去掉视频流特性的改良的ASF格式，再简单点说就是非网络版本的ASF。

7. DIVX

它是一种对DVD造成威胁的新生视频压缩格式，它由Microsoft MPEG-4修改而来，同时也可以说是为了打破ASF的种种协定而发展出来的。使用这种编码技术压缩一部DVD只需要2张CD-ROM，这样就意味着，不需要买DVD ROM也可以得到和它差不多的视频质量了，而这一切只需要有CD-ROM，况且播放这种编码的视频文件，对机器的硬件要求也不高。

1.1.4 了解支持的图像格式

会声会影2018支持不少图像文件格式，有BMP、CLP、CUR、EPS、FAX、FPX、GIF、ICO、IFF、IMG、J2K、JP2、JPC、JPG、

PCD、PCT、PCX、PIC、PNG、PSD、PSPImage、PXR、RAS、RAW、SCT、SHG、TGA、TIF、UFO、UFP、WMF等。下面就具体介绍几种常见的图像格式。

1. JPEG 格式

JPEG格式的压缩技术十分先进，它用有损压缩的方式去除冗余的图像数据，在获得极高压缩率的同时能展现丰富生动的图像。简单来说，就是可以用最少的磁盘空间得到较好的图像品质。

> **提示**
>
> JPEG格式是一种有损压缩格式，能够将图像压缩在很小的存储空间，图像中重复或不重要的资料会被丢弃，因此容易造成图像数据的损伤。使用过高的压缩比例，会导致最终解压缩后恢复的图像质量明显降低，如果追求高品质图像，不建议采用过高压缩比例。

2. PNG 格式

PNG格式能够提供大小比GIF格式小30%的无损压缩图像文件。它同时提供 24位和48位真彩色图像支持以及其他诸多技术性支持。由于PNG非常新，所以目前并不是所有的程序都可以用它来存储图像文件，但会声会影2018可以处理PNG图像文件。PNG格式用来存储灰度图像时，灰度图像的深度可以多达16位，存储彩色图像时，彩色图像的深度可多达48位，并且可以存储多达16位的通道数据。PNG格式使用从LZ77派生的无损数据压缩算法，一般应用于JAVA程序、网页或S60程序中，它的压缩比高，生成的文件所占存储空间小。

3. BMP 格式

BMP格式的图像就是我们通常所说的位图，是Windows系统中最为常见的图像格式。它包含的图像信息较丰富，几乎不压缩，但由此导致了它与生俱来的缺点：占用磁盘空间过大。BMP格式可以分成两大类：设备相关位图（DDB）和设备无关位图（DIB），使用范围非常广。它采用位映射存储格式，除了图像深度可选以外，不采用其他任何压缩，因此，BMP文件所占用的空间很大。BMP文件的图像深度可选1位、4位、8位及24位。BMP文件存储数据时，图像是按从左到右、从下到上的顺序扫描的。由于BMP文件格式是Windows环境中交换与图有关的数据的一种标准，因此在Windows环境中运行的图形图像软件都支持BMP图像格式。

4. PSD 格式

PSD格式是Photoshop图像处理软件的专用文件格式，其文件扩展名是.psd，可以支持图层、通道、蒙版和不同色彩模式的各种图像特征，是一种非压缩的原始文件保存格式。PSD格式文件有时所占存储空间会很大，但由于可以保留所有原始信息，在图像处理中对于尚未制作完成的图像而言，选用 PSD格式保存是最佳的选择。

5. GIF 格式

这是一种基于LZW算法的连续色调的无损压缩格式，其压缩率一般在50%左右，它不属于任何应用程序。目前几乎所有相关软件都支持它，公共领域有大量的软件在使用GIF图像文件。GIF格式产生的文件较小，常用于网络传输，在网页上见到的图片大多是GIF和JPEG格式的。与JPEG格式相比，GIF格式的优点在于可以保持动画效果。

1.1.5 了解支持的音频格式

会声会影2018支持的音频格式有Dolby® Digital Stereo、Dolby® Digital 5.1、MP3、MPA、WAV、QuickTime、Windows Media® Audio。下面具体介绍几种常见的音频格式。

1. MP3

MP3是一种经过音频压缩技术后的文件格式，用来大幅度地降低音频数据量。利用MPEG Audio Layer 3 的技术，将音乐以1:10

甚至 1:12 的压缩率，压缩成较小的文件，而对于大多数用户来说，重放的音质与最初的不压缩音频相比没有明显的下降。MP3格式文件是最常见的一种音频格式文件。

2. WAV

它符合RIFF文件规范，用于保存Windows系统的音频信息资源，被Windows系统及其应用程序所广泛支持。常见的WAV文件使用PCM无压缩编码，只有无损压缩的音频才能和其有相同的质量。WAV格式支持许多压缩算法，支持多种音频位数、采样频率和声道，采用44.1kHz的采样频率，16位量化位数，因此WAV的音质与CD相差无几，但WAV格式对存储空间需求太大，不便于交流和传播。

3. Dolby® Digital Stereo

Dolby Digital又叫作AC-3，是一种全数字化分隔式多通道影片声迹系统，也是一种新式的环绕声制。该声制为了减少声音所占用的存储空间，一般会将人耳听不到的部分声音进行删除。这种破坏性压缩使声音或音质在一定程度上受到了损坏和丢失。但是为了满足在电影胶片上的应用，目前在电影或DVD影碟上大都使用Dolby Digital音效。

4. MP3 Pro

MP3 Pro格式是由瑞典Coding科技公司开发的，其中包含了两大技术：一是来自于Coding科技公司所特有的解码技术，二是由MP3专利持有者——法国Thomson多媒体公司和德国Fraunhofer集成电路协会共同研究的一项译码技术。MP3 Pro可以在基本不改变文件大小的情况下改善原先的MP3音质，它在使用较低的比特率压缩音频文件的情况下，最大限度地保持压缩前的音质。

MP3 Pro格式和MP3是兼容的，所以它的文件类型也是MP3。MP3 Pro播放器可以播放MP3 Pro或MP3编码的文件；普通的MP3播放器也可以播放MP3 Pro编码的文件，但只能播放出MP3的音质。虽然MP3 Pro是一个优秀的技术，但是由于技术专利费用的问题及其他技术提供商（如微软公司）的竞争，MP3 Pro没有得到广泛应用。

5. AIFF

它是苹果计算机上标准的音频格式，属于Qucik Time技术的一部分。这种格式的特点就是格式本身与数据的意义无关，因此受到了微软公司的青睐，并据此制作出WAV格式。虽然AIFF是一种很优秀的文件格式，但由于它是苹果计算机上的格式，因此在PC平台上并没有流行。不过，由于苹果计算机多用于多媒体制作、出版行业，因此几乎所有的音频编辑软件和播放软件都或多或少地支持AIFF格式。由于AIFF格式的包容特性，它支持许多压缩格式。

1.1.6 线性编辑与非线性编辑

视频后期编辑的两种类型包括线性编辑和非线性编辑，下面进行简单的介绍。

1. 线性编辑

编辑机通常由一台放像机和一台录像机组成，通过放像机选择一段合适的素材并播放，由录像机记录有关内容。然后使用特技机、调音台和字幕机来完成相应的特技、配音和字幕叠加，最终合成影片。由于这种编辑方式的存储介质通常是磁带，记录的视频信息与接收的信号在时间轴上的顺序紧密相关，所以被看成是一条完整的直线，这也就是为什么要叫线性编辑。但如果要在已完成的磁迹中插入或删除一个镜头，那该镜头之后的内容就必须全部重新录制一遍。由此可以看出，线性编辑的缺点相当明显，而且需要辅以大量专业设备，操作流程复杂，投资大，对于普通家庭来说是难以承受的。

2. 非线性编辑

它是通过一块非线性编辑卡，将视音频信

号源，如电视机、摄像机、录像机等输出的模拟信号通过处理转变成数字信号（视频文件）并存储于硬盘或光盘当中，再使用编辑软件进一步处理。数字化的硬盘、光盘记录信息的方式都是非线性的（可理解为由许多线段连接而成），非线性编辑又是基于文件的操作。所以在非线性系统内部，完全是在指定的时间轴进行文件的编辑，只要没有最后生成影片输出或保存，对这些文件在时间轴上的位置和时间长度的修改都是随意的，不再受到存储顺序的限制。

会声会影2018是一款非线性编辑软件，正是由于这种非线性的特性，使得视频编辑不再依赖编辑机、字幕机和特效机等价格非常昂贵的硬件设备，让普通家庭用户也可以轻而易举地体验到视频编辑的乐趣。

1.2 了解会声会影的应用领域

随着其功能的日益完善，会声会影在数码领域、相册制作及商业领域的应用越来越广，例如电子相册、DVD制作、光盘刻录、互动教学、动画游戏、网络视频输出等。

1.2.1 制作珍藏光盘

将手机或数码相机拍摄的视频内容制作成一张光盘，对很多人来说似乎是一件很困难的事情。而在我们的日常生活中，接触各类型视频的机会有很多。对很多刚刚上路的视频爱好者来说，将视频制作成光盘是一项很难完成的任务。其实不然，只要掌握会声会影2018这款视频剪辑软件，这项看似只有专业人士才能办到的事情将变得轻松而有趣。只需几步，就可以制作出让人眼前一亮的视频作品并将其刻录成光盘。

会声会影2018的"共享"功能中有"光盘"这个选项，在里面能够选择"DVD""AVCHD""Blu-ray""SD卡"这4种途径，如图 1-4 所示。一般刻录光盘我们使用"DVD"这个格式输出视频。

图 1-4 制作珍藏光盘

1.2.2 制作电子相册

电子相册是指可以在计算机显示器上观赏的，区别于CD/VCD的静止图片的特殊文档，其内容不局限于摄影照片，也可以包括各种艺术创作图片。电子相册具有传统相册无法比拟的优越性：图、文、声、像并茂的表现手法，随意修改编辑的功能，快速的检索方式，永不褪色的恒久保存特性，以及廉价复制分发的优越手段。

目前国内外电子相册种类繁多，不同的软件，制作出的电子相册都会有所不同。随着数码相机在家庭人群中的普及，照片变得更易拍摄且不用立即冲印出来，更多人就选择了将照片打包保存在硬盘或光盘中，而电子相册制作软件就在这一过程中充当了非常重要的角色。通过电子相册制作软件，照片得以以生动的艺术形式展现出来，通过电子相册制作软件的打包，可以将照片更方便地以一个整体的形式分发给亲朋好友，刻录在光盘上保存，或者在影碟机上播放。

利用会声会影2018可以轻松制作电子相册，将照片排列整齐，添加滤镜、特效文字和各种小饰物来美化照片，最后再输出成视频，如图 1-5所示。整个过程非常方便快捷，而且容易上手。

图 1-5 电子相册

1.2.3 制作动画游戏

一般情况下，动画软件只能制作一段一段的半成品动画，若要将这些动画文件连续不断地播放出来，可以通过会声会影添加转场效果，并对不同的视频进行编辑，如图 1-6所示。

图 1-6 宣传片混剪

1.2.4 制作互动教学视频

在观看教学视频时，有时会因内容枯燥无味而使观众没有动力去学。我们可以利用会声会影来剪辑制作一些趣味性较强的互动教学视频，让整个学习过程变得更加生动有趣，这样能够在一定程度上提高学习效率，也能让学习者产生浓烈的学习兴趣。

利用会声会影制作出来的互动教学视频大多应用在课堂学习中。多媒体教学已经推广到中小学课堂，在课堂上能够通过视频来学习，这自然增加了不少的趣味性。互动教学视频的应用提高了中小学生在课堂学习的注意力和学习效率，越来越多的教师愿意制作互动教学视频在课堂上应用，如图 1-7所示。

图 1-7 多媒体课堂

1.2.5 输出网络视频

网络视频是指视频网站提供的在线视频播放服务，主要利用流媒体格式的视频文件。在众多的流媒体格式中，flv 格式由于文件小、占用客户端资源少等优点成为网络视频所依靠的主要文件格式。

视频网站是指在完善的技术平台支持下，让互联网用户在线流畅发布、浏览和分享视频作品的网络媒体。除了传统的对视频网站的理解外，近年来，无论是P2P直播网站、BT下载网站，还是本地视频播放软件，都将"向影视点播扩展"作为自己的一块战略要地。影视点播已经成为各类网络视频运营商的兵家必争之地。

许多视频制作者选择会声会影的一个重要原因是它的"分享"功能。视频制作者在完成视频制作后，能够通过"分享"功能直接将制作的视频上传到视频网站，如图 1-8所示。因为这样的功能，无须用户输出后再通过网站客户端上传，让视频制作便捷了不少，所以不少视频制作者和自媒体会使用会声会影来输出网络视频。

图 1-8 将视频直接分享至网络平台

1.3 了解会声会影2018新增功能

会声会影2018增加了许多以往版本没有的功能，使编辑视频变得更加方便快捷，其支持更多的格式让用户能够有更多的素材可以。新增功能有镜头校正功能、分屏视频、平移和缩放功能等。本节将具体介绍会声会影2018的新增功能。

1.3.1 镜头校正功能

全新直观的控制功能可以快速消除广角相机或动作相机中的失真，使用户可以轻松地将视频中的有趣部分剪辑出来，如图1-9所示。

图 1-9 镜头校正功能

1.3.2 分屏视频

新增的分屏视频模板可以同时显示多个视频流，用户只需轻松拖放就可以创作出令人印象深刻的宣传或旅游视频，分享视频中的亮点，还可以在会声会影中使用模板创建器来创建自定义分屏界面，如图1-10所示。

图 1-10 分屏视频

1.3.3 平移和缩放

平移和缩放功能可以放大动作、平移场景，使用易于使用的软件，通过自定义运动路径将视频的平移和缩放效果应用到视频中，如图1-11所示。

图 1-11 平移和缩放

1.3.4 XAVC-S 到 SD 卡

会声会影2018新增XAVC-S格式支持，方便用户将制作好的视频导出到SD卡上，并直接在相机上进行播放，如图1-12所示。

图 1-12 XAVC-S格式转换

1.4 安装与卸载会声会影2018 难点

安装会声会影2018之前，请确保系统满足最低硬件和软件要求，以获得最佳性能。使用会声会影2018软件时，可以根据需要对软件在计算机中的安装位置、所在地区等选项进行选择。在系统中安装软件以后，在使用过程中难免会因为某些原因导致程序无法正常工作。这时最好的办法就是卸载会声会影2018再重新安装。

1.4.1 实战——安装会声会影 2018

难　　度：☆☆	
素材文件：无	
效果文件：无	
在线视频：第1章\1.4.1实战——安装会声会影2018.mp4	

当用户仔细了解了安装会声会影2018所需的系统配置和硬件信息后，就可以准备安装会声会影2018了。该软件的安装与其他应用软件的安装方法基本一致。在安装会声会影2018之前，需要先检查计算机是否装有低版本的会声会影程序，如果有，需要将其卸载后再进行安装。下面将具体介绍如何安装会声会影2018。

`01` 将会声会影 2018 安装光盘放入光盘驱动器中，系统将自动弹出安装界面，单击"会声会影2018"按钮，即可进行会声会影 2018 的安装。

`02` 进入"安装向导"界面，根据个人需求在界面中进行选择，然后单击"下一步"按钮，如图 1-13 所示。

图 1-13　会声会影安装界面

`03` 进入下一个页面，认真阅读相关用户协议，勾选"我接受该协议中的条款"复选框，单击"下一步"按钮，如图 1-14 所示。

图 1-14　用户协议书

`04` 进入下一个界面，根据个人情况进行个人信息的填写，填写完毕后，单击"下一步"按钮完成操作，如图 1-15 所示。

图 1-15　设置软件安装路径

`05` 此时进入会声会影2018程序安装文件保存位置，在"下载位置"和"将程序安装到"文本框中输入要安装的位置，或者单击文本框后的"浏览"按钮进行路径查找。需要注意的是，软件版本根据计算机配置不同安装的位数也会不同，根据实际情况选择完毕后，单击"下载 / 安装"按钮开始安装，如图 1-16 所示。

图 1-16　安装过程界面

`06` 之后将开始下载并安装会声会影 2018，根据用户的计算机配置和网速的不同，安装所需的时间也会不同，如图 1-17 所示。

图 1-17　安装界面

`07` 安装向导成功完成后，单击"完成"按钮结束会声会影2018的安装,进入欢迎界面,如图1-18所示。

图 1-18 欢迎界面

1.4.2 实战——卸载会声会影2018

难 度: ☆☆
素材文件: 无
效果文件: 无
在线视频: 第1章\1.4.2实战——卸载会声会影2018.mp4

当用户不需要再使用会声会影2018时,可以将声会影2018卸载,以提高计算机运行速度,腾出磁盘空间放置其他文件。下面将详细介绍卸载会声会影2018的操作方法。

01 在计算机桌面上执行"开始"|"控制面板"命令,打开控制面板,单击"卸载程序"链接,如图1-19所示。

02 弹出"程序"对话框,右键单击要卸载的Corel VideoStudio Pro 2018,选择弹出的"卸载/更改"按钮,如图1-20所示。

图 1-19 单击"卸载程序"链接

图 1-20 单击"卸载/更改"按钮

03 单击"卸载/更改"按钮后等待数秒,会弹出卸载对话框,单击"删除"按钮,之后系统将会提示正在完成配置,移除的进度可能会慢一点,因计算机配置不同而异,耐心等待即可,如图1-21所示。

图 1-21 卸载对话框

1.5 软件的启动操作

用户可以通过不同的方式来启动会声会影2018,本节将具体介绍两种不同的启动方式。

1.5.1 从"开始"菜单启动程序

当用户安装好会声会影2018之后,该软件的程序会存在于用户计算机的"开始"菜单中,此时用户可以通过"开始"菜单来启动会声会影2018。

在Windows桌面上,单击"开始"菜单,在弹出的菜单列表中找到会声会影2018文件夹,单击"Corel VideoStudio 2018"命令,如图1-22所示。执行操作后,即可启动会声会影2018,进入软件工作界面。

图 1-22 单击"Corel VideoStudio 2018"命令

1.5.2 用VSP文件启动程序 (重点)

　　VSP格式是会声会影软件存储时的源文件格式，在该源文件上双击，或者右键单击并在弹出的快捷菜单中选择"打开"选项，如图1-23所示，也可以快速启动会声会影2018，进入软件工作界面。

图 1-23 选择"打开"选项

1.5.3 实战——从桌面图标启动程序

难　度: ☆
素材文件: 无
效果文件: 无
在线视频: 第1章\1.5.3实战——从桌面图标启动程序.mp4

　　成功安装会声会影2018之后，将会在桌面生成相应的图标，用户可以通过桌面图标启动程序。

01 启动 Windows，在桌面找到"Corel Video Studio 2018.exe"程序，如图 1-24 所示。

02 在桌面中，双击"Corel VideoStudio 2018. exe"图标，如图 1-25 所示。

图 1-24 "Corel VideoStu dio 2018.exe"程序

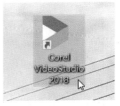

图 1-25 双击图标

03 完成以上操作后，稍等片刻即可打开会声会影 2018，图 1-26 所示为会声会影 2018 欢迎界面。

图 1-26 会声会影2018界面

1.6 软件的退出操作

　　当需要退出会声会影2018时，要记得保存好项目文件，以免丢失文件。下面将具体介绍如何正确退出软件。

1.6.1 实战——用"退出"命令退出程序

难　度:	☆
素材文件:	无
效果文件:	无
在线视频:	第1章\1.6.1实战——用"退出"命令退出程序.mp4

在会声会影2018中，使用"文件"菜单下的"退出"命令，可以退出会声会影2018。

01 启动会声会影2018之后，进入欢迎界面，如图1-27所示。

02 可对视频执行任意操作，然后保存项目文件，接着在菜单栏中单击"文件"|"退出"命令，如图1-28所示，执行操作后，即可退出会声会影2018。

图1-27 进入欢迎界面

图1-28 单击"退出"命令

1.6.2 用"关闭"选项退出程序

在会声会影2018工作界面左上角的菜单栏上右键单击，在弹出的列表中选择"关闭"选项，如图1-29所示，执行操作后，也可以快速退出会声会影2018界面。

图1-29 选择"关闭"选项

1.6.3 用"关闭"按钮退出程序

用户编辑完视频文件后，一般都会采用单击"关闭"按钮 ✕ 的方法退出会声会影应用程序，因为该方法是最为简单和方便的。

单击会声会影2018应用程序窗口右上角的"关闭"按钮，如图1-30所示，即可退出会声会影2018。

图1-30 单击"关闭"按钮

1.7 知识拓展

本章具体介绍了会声会影2018的安装和卸载。在安装会声会影2018时，我们需要注意是32位的还是64位的计算机，"32位"和"64位"是指计算机的处理器（也称为"CPU"）处理信息的方式。64位版本的Windows可处理大量的随机存取内存（RAM），其效率远远高于32位的系统。

第 2 章

掌握软件基本操作

熟练掌握会声会影2018的基本操作，例如项目文件基本操作、系统参数属性设置、即时项目快速制作等，可以大大提高视频编辑的速度和效率。本章将详细介绍这些基本操作，为后面的深入学习打下坚实的基础。

本章重点

认识会声会影2018界面

设置项目属性

常用视图模式的使用

2.1 认识会声会影2018界面

会声会影2018的主界面为"编辑"界面，编辑界面由步骤面板、菜单栏、预览窗口、导航面板、工具栏、项目时间轴、素材库、素材库面板组成，如图2-1所示。

图 2-1 会声会影2018工作界面

下面对会声会影2018操作界面上各个部分的名称和功能做一个简单介绍（见表 2-1），使读者对影片编辑的流程和控制方法有一个基本认识。

表 2-1 会声会影界面各部分的名称和功能

名称	功能及说明
步骤面板	包括捕获、编辑和共享按钮，这些按钮对应视频编辑中的不同步骤
菜单栏	包括文件、编辑、工具、设置和帮助菜单，这些菜单提供了不同的命令集
预览窗口	显示了当前项目或正在播放的素材的外观
导航面板	提供一些用于回访和精确修正素材的按钮。在"捕获"步骤中，它也可用作DV或HDV摄像机的设备控制
工具栏	包括在两个项目视图（如"故事板视图"和"时间轴视图"）之间进行切换的按钮，以及其他快速设置的按钮
项目时间轴	显示项目中使用的所有素材、标题和效果
素材库	存储和组织所有媒体素材，包括视频素材、照片、转场、标题、滤镜、路径、色彩素材和音频文件
素材库面板	根据媒体类型过滤素材库——媒体、转场、标题、图形、滤镜和路径

2.1.1 菜单栏

菜单栏提供的各种命令，用来自定义会声会影的项目文件或处理单个素材，如图2-2所示。

图 2-2 菜单栏

会声会影2018菜单栏中各个菜单的功能见表2-2。

表2-2 菜单栏菜单功能

名称	功能
文件	进行新建、打开和保存等常规文件操作
编辑	包括撤销、重复、复制和粘贴等编辑命令
工具	对素材进行多样编辑
设置	对各种管理器进行操作
帮助	展开该菜单可以查看会声会影自带的各项命令说明文档

2.1.2 步骤面板

会声会影2018将影片制作过程简化为三个步骤：捕获、编辑、共享，如图2-3所示。

图 2-3 步骤面板

步骤面板中各步骤功能介绍如下。

● 捕获：媒体素材可以直接在"捕获"步骤中录制或导入到计算机的硬盘驱动器中。

● 编辑："编辑"步骤和"时间轴"是会声会影的核心，可以通过它们排列、编辑、修正视频素材并为其添加效果。

● 输出："输出"步骤可以将完成的影片导出到磁盘或DVD等。

2.1.3 预览窗口

预览窗口界面如图2-4所示，可用于预览项目或素材编辑后的效果，一般配合导航面板一起使用。

图 2-4 预览窗口

2.1.4 导航面板

导航面板如图2-5所示，使用导航控制可以移动所选素材或项目，使用修整标记和擦洗器可以编辑素材。

图 2-5 导航面板

导航面板中各个部分的名称和功能见表2-3。

表 2-3 导航面板各按钮功能

名称	功能及说明
播放 ▶	播放、暂停或恢复当前项目或所选素材
起始 ◀◀	返回起始片段或提示
上一帧 ◀▮	移动到上一帧
下一帧 ▮▶	移动到下一帧
结束 ▶▶	移动到结束片段或提示
重复 ⟳	循环回放
系统音量 🔊	可以通过拖动滑块调整计算机扬声器的音量
时间码 00:00:00:000 ⬍	通过指定切的时间码，可以直接跳到项目或所选素材的某个部分
扩大预览窗口 ⬚	增大预览窗口的大小
分割素材 ✂	分割所选素材，将擦洗器放在想要分割素材的位置，然后单击此按钮
开始标记 [	在项目中设置预览范围或设置素材修正的开始点
结束标记]	在项目中设置预览范围或设置素材修正的结束点
擦洗器 ▮	可以在项目或素材之间拖曳
修整标记 ◣ ◥	可以拖动设置项目的预览范围或修正素材
高清模式 HD	提升预览效果画质
切换器 ▦	切换到项目或所选素材

2.1.5 选项面板

选项面板会随程序的模式和正在执行的步骤或轨道发生变化，只要在软件界面中单击"选项面板"按钮，便会弹出相对应"选项面板"，如图 2-6所示。其可能包含一个或两个选项卡，每个选项卡中的控制和选项都不同，具体取决于所选素材。

图 2-6 覆叠素材选项面板

2.1.6 素材库 🔴重点

会声会影2018的素材库总共有7种，分别是："媒体"素材库、"即时项目"素材库、"转场"素材库、"标题"素材库、"图形"素材库、"滤镜"素材库和"路径"素材库，如图 2-7所示。各类素材库存放着不同的素材，只需单击相应素材库的按钮，就能够自由切换素材库，并且能够直接从里面选择并利用素材，非常方便。

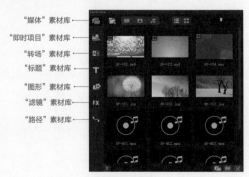

"媒体"素材库 ——
"即时项目"素材库 ——
"转场"素材库 ——
"标题"素材库 ——
"图形"素材库 ——
"滤镜"素材库 ——
"路径"素材库 ——

图 2-7 素材库

各类素材库名称及其功能说明见表 2-4。

表 2-4　各类素材库名称及其功能说明

名称	功能及说明
"媒体"素材库	该素材库中存放着需要用到的视频或照片等形式的素材，能够在里面对素材进行分类
"即时项目"素材库	该素材库中主要是存放一些已经做好的模板，便于多次使用
"转场"素材库	该素材库中存放着所有的转场特效，能够直接从里面选材进行利用
"标题"素材库	该素材库中存放着所有的标题特效，特效文字模板也在其中，可以直接使用
"图形"素材库	该素材库中的素材大部分用于装饰视频，大多为小部件或背景板
"滤镜"素材库	该素材库中存放着所有的滤镜效果，滤镜效果能够美化视频
"路径"素材库	该素材库中存放着动作效果，动作效果能够让静态图片运动

1.　"媒体"素材库

在"媒体"素材库中，可以一次添加多个媒体素材，如图 2-8 所示。

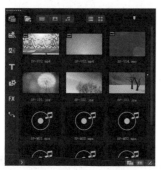

图 2-8　"媒体"素材库

2.　"即时项目"素材库

"即时项目"素材库中有项目模板，当完成了一个模板后，可保存到这里，以便再次使用，如图 2-9 所示。

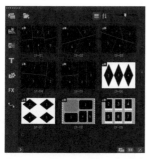

图 2-9　"即时项目"素材库

3.　"转场"素材库

"转场"素材库中保存着转场特效，可以将转场特效拖至素材之间，这样 2 个素材之间便会拥有一个转场特效来过渡，使画面更加流畅精美，视频节奏紧凑不拖沓。图 2-10 所示为"闪光"转场特效。

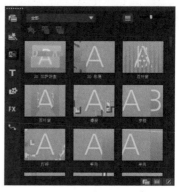

图 2-10　"闪光"转场特效

4.　"标题"素材库

"标题"素材库中保存着字幕文件的模板，可在这个素材库中找到需要的字幕模板使用，如图 2-11 所示。

5.　"图形"素材库

"图形"素材库中保存着需要用到的背景、色彩板和 Flash 动画等，如图 2-12 所示。

图 2-11 "标题"素材库

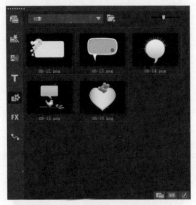

图 2-12 "色彩"素材库

6. "滤镜"素材库

"滤镜"素材库中保存着各种滤镜特效，这也是最常用的素材库之一，特效素材也可自行添加，如图 2-13所示。

7. "路径"素材库

"路径"素材库中保存的是动作特效，动作特效可以让图片素材动起来，使视频充满生机，如图 2-14所示。

图 2-13 "滤镜"素材库

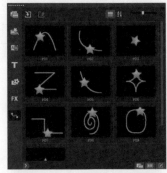

图 2-14 "路径"素材库

2.1.7 时间轴面板

时间轴面板如图 2-15所示，可以在该界面对项目或所选素材进行编辑和修整。

图 2-15 时间轴面板

时间轴面板中各个部分的名称和功能如表2-5所示。

表 2-5 时间轴各部分名称及功能

名称	作用功能
故事板视图 📷	按时间顺序显示媒体缩略图
时间轴视图 📷	可以在不同的轨道中对素材执行精确到帧的编辑操作
撤销 ↩	撤销上一步动作
重复 ↪	重复上一步撤销动作

名称	作用功能
录制/捕获选项	显示"录制/捕获选项"面板，可在同一位置执行捕获视频、导入文件、录制画外音和抓拍快照等所有操作
混音器	启动"环绕混音"和多音轨的"音频时间轴"，自定义音频设置
自动音乐	添加背景音乐，智能收尾
运动跟踪	瞄准并跟踪屏幕上移动的物体，然后将其连接到如文本和图形等元素
字母编辑器	可使添加文本与视频中的音频同步
缩放控件	通过使用缩放滑块和按钮，可以调整"项目时间轴"的视图
将项目调到时间轴窗口大小	将项目视图调到适合于整个"时间轴"跨度
项目区间	显示项目区间

2.2 掌握项目属性设置

在进行视频编辑时，有时会需要创建新的项目。为了提高视频制作效率，在创建新项目时用户可根据需要对工作环境参数进行设置。进入会声会影2018工作界面后，执行"设置"|"参数选择"命令，如图 2-16所示。在弹出的"参数选择"对话框中，可以对参数进行基本设置，如图 2-17所示。

图 2-16 执行"设置"|"参数选择"命令

图 2-17 "参数选择"对话框

2.2.1 设置软件常规属性 重点

"常规"选项卡用于设置会声会影2018编辑器中基本操作的参数，其界面如图 2-18所示。

图 2-18 "常规"选项卡

"常规"选项卡中各功能名称及说明见表 2-6。

031

表 2-6　"常规"选项卡各功能名称和说明

名称	功能及其说明
撤销	撤销上一步所执行的操作步骤。可以通过设置"级数"中的数值来确定撤销次数，该数值框可以设置的参数范围为0~99
重新链接检查	可以自动检查项目中的素材与其来源文件之间的关联。如果来源文件存放的位置被改变，则会弹出信息提示框，通过该对话框，用户可以将来源文件重新链接到素材
工作文件夹	设置程序中一些临时文件夹的保存位置
音频工作文件夹	设置程序中一些临时音频文件夹的保存位置
素材显示模式	设置时间轴上素材的显示模式
默认启动界面	设置软件启动时所在的界面
媒体库动画	勾选该复选框可启用媒体库中的媒体动画
将第一个视频素材插入时间轴时显示消息	会声会影在检测到插入的视频素材的属性与当前项目的设置不匹配时显示提示信息
自动保存项目间隔	选择和自定义会声会影程序自动保存当前项目文件的时间间隔，这样可以最大限度地减少不正常退出时的损失
即时回放目标	设置回放项目的目标设备。提供了3个选项，用户可以同时在预览窗口和外部显示设备上进行项目的回放
背景色	单击右侧的黑色方框图标，弹出颜色选项，选中相应颜色，即可完成会声会影预览窗口背景色的设置
在预览窗口中显示标题安全区域	勾选此复选框，在创建标题时，预览窗口中显示标题安全框，只要文字位于此矩形框内，标题就可完全显示出来
在预览窗口中显示DV时间码	DV视频回放时，可预览窗口上的时间码。这就要求计算机的显卡必须是兼容VMR（视频混合渲染器）的
在预览窗口中显示轨道提示	勾选此复选框，在预览窗口中会显示各素材所处的轨道名称
电视制式	设置视频的广播制式，有NTSC和PAL两个选项，一般选择PAL

2.2.2 设置软件编辑属性

在"参数选择"对话框中，选择"编辑"选项卡，如图2-19所示。

"编辑"选项卡各功能名称及说明见表2-7。

图 2-19　"编辑"选项卡

表 2-7 "编辑"选项卡各功能名称和说明

名称	功能及其说明
应用色彩滤镜	选择调色板的色彩空间，包含NTSC和PAL两种选项，一般默认选择PAL选项
重新采样质量	指定会声会影里的所有效果和素材的质量。一般使用较低的采样质量（例如较好）获取最有效的编辑性能
调到屏幕大小作为覆叠轨上的默认大小	勾选该复选框，插入到覆叠轨上的素材默认大小设置为适合屏幕的大小
插入图像/色彩素材的默认区间	设置添加到项目中的图像素材和色彩的默认长度，区间的时间单位为秒
显示DVD字幕	设置是否显示DVD字幕
图像重新采样选项	选择一种图像重新采样的方法，即在预览窗口中的显示。有保持高宽比和调整到项目大小两个选项
对图像素材应用去除闪烁滤镜	减少在使用电视查看图像素材时所发生的闪烁
在内存中缓存图像素材	允许用户使用缓存处理较大的图像文件，以便更有效地进行编辑
默认音频淡入/淡出区间	该选项用于设置音频的淡入和淡出的区间，在此输出的值是素材音量从正常至淡化完成之间的时间总值
即时预览时播放音频	勾选该复选框，在时间轴内拖动音频文件的飞梭栏，即可预览音频文件
自动应用音频交叉淡化	允许用户使用两个重叠视频，对视频中的音频文件应用交叉淡化
默认转场效果的区间	指定应用于视频项目中所有转场效果的区间，单位为秒
自动添加转场效果	勾选该复选框后，当项目文件中的素材超过两个时，程序将自动为其应用转场效果
默认转场效果	用于设置了自动转场效果时所使用的效果
随即特效	用于设置随即转场的特效

2.2.3 设置软件捕获属性

在"参数选择"对话框中，选择"捕获"选项卡，其界面如图2-20所示。

"捕获"选项卡各功能名称和说明见表2-8。

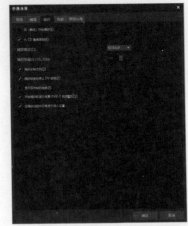

图 2-20 "捕获"选项卡

表 2-8 "捕获"选项卡各功能名称和说明

名称	功能及其说明
按"确定"开始捕获	勾选该复选框后，在捕获视频时，需要在弹出的提示对话框中单击"确定"按钮才能开始捕获视频
从CD直接录制	勾选该复选框，可以直接从CD播放器上录制音频文件
捕获格式	指定捕获的静态图像文件格式，有BITMP、JPEG两种格式
捕获去除交织	在捕获图像时保持连续的图像分辨率，而不是交织图像的渐进图像分辨率
捕获结束后停止DV磁带	DV摄像机在视频捕获过程完成后，自动停止磁带的回放
显示丢弃帧的信息	勾选该复选框，可以在捕获视频时，显示在视频捕获期间共丢弃多少帧
开始捕获前显示恢复DVB-T视频警告	勾选该复选框可以显示恢复DVB-T视频警告，以便捕获流畅的视频素材

2.2.4 设置软件性能属性

在"参数选择"对话框中，选择"性能"选项卡，其界面如图 2-21所示。

"性能"选项卡各功能名称和说明见表2-9。

图 2-21 "性能"选项卡界面

表 2-9 "性能"选项卡各功能名称和说明

名称	功能及说明
启用智能代理	勾选该复选框后，通过创建智能代理，用创建的低解析度视频，替代原来的高解析度视频，进行编辑。低解析度视频会比原高解析度视频模糊
自动生成代理模版	勾选了"启用智能代理"后才能勾选的复选框，若勾选该复选框，软件将自动生成代理模版，推荐勾选
启用硬件解码器加速（编辑过程）	勾选该复选框，在启动会声会影2018时，启动速度更快，如果计算机硬件配置本身不是太高，建议勾选
启用硬件解码器加速（文件创建）	通过使用计算机可用硬件的视频图形加速技术增强编辑性能并改善素材和项目回放
启用硬件编码器加速	勾选该复选框能够缩短制作影片所需的渲染时间
启用硬件加速优化	勾选该复选框将优化启用了的解码器和编码器

2.2.5 设置软件布局属性

在"参数选择"对话框中，选择"界面布局"选项卡，如图 2-22所示。一般来说，推荐选择"默认"布局，若用户有个人需求和喜好可以设置新的布局。

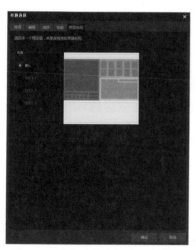

图 2-22 "界面布局"选项卡界面

2.2.6 设置项目文件属性

在"设置"菜单中，有一个"项目属性"，项目属性可用作预览影片项目的模板，

"项目属性"对话框中的项目设置确定了项目在屏幕上预览时的外观和质量。项目属性设置包括项目文件信息、项目模板属性、文件格式、自定义压缩、视频设置及音频等。

进入会声会影2018工作界面后，执行"设置"|"项目属性"命令，弹出"项目属性"对话框，如图 2-23所示。

图 2-23 "项目属性"对话框

"项目属性"对话框中各选项的作用见表 2-10。

表 2-10 项目属性名称、功能和作用

名称	功能和作用
项目格式	选择需要新建、删除或编辑的项目格式
新建	新建一种项目格式，可以自己设置项目格式的属性
编辑	修改现有的项目格式属性
删除	删除一种已有的项目格式
重置	还原至软件自带的项目格式，将会清除自定义的文件格式
项目信息	给项目格式添加详细的描述

2.3 掌握常用视图模式

会声会影2018编辑界面中有三种视图模式，分别为故事板视图、时间轴视图和混音器视图，每个视图模式都有其特点和应用场合，用户在进行相关编辑时，可以选择最佳的视图模式。本节将具体介绍如何利用时间轴视图和混音器视图。

2.3.1 掌握时间轴视图

时间轴视图是会声会影2018中常用的编辑模式，相对比较复杂，但是其功能强大。在时间轴编辑模式下，用户不仅可以对标题、字幕、音频等素材进行编辑，还可在以"帧"为单位的精度下对素材进行精确的编辑，所以时间轴视图模式是用户精确编辑视频的最佳形式。

单击"显示全部可视化轨道"按钮 ▤，轨道将会全部显示出来，如图 2-24所示。

单击时间轴右边的"将项目调到时间轴窗口大小"按钮 ▣，将素材图片区间调整至时间轴窗口大小，如图 2-25所示。

图 2-25 单击"将项目调到时间轴窗口大小"按钮

把鼠标指针移动到时间轴下方的窄条上时，鼠标指针会出现一个圆圈三角图标，此时单击可以建立章节点，如图 2-26所示。

双击章节点，可以对章节点进行重命名，如图 2-27所示。

图 2-24 显示全部可视化轨道

图 2-26 设置章节点

图 2-27 重命名

单击覆叠轨1的标志,隐藏覆叠轨1中所有素材,如图 2-28所示。

图 2-28 隐藏素材

2.3.2 掌握混音器视图

在会声会影2018中,混音器视图可以用来调整项目的语音轨和音乐轨中素材的音量大小,以及调整素材中特定点位置的音量。在该视图中,用户还可以为音频素材设置淡入/淡出、长回音、放大及嘶声降低等特效。

单击"混音器"按钮 🎚,可以进入混音器界面,如图 2-29所示。

图 2-29 "混音器"视图

单击选择音乐轨1中素材,再在音量线上单击,可创建一个关键帧,如图 2-30所示。创建4个关键帧,并将其位置调整为一下一上,即可制造出淡入淡出的效果,如图 2-31所示。

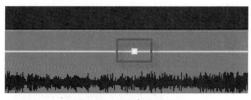
图 2-30 创建关键帧

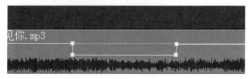
图 2-31 制造淡入淡出效果

2.4 显示和隐藏网格线

网格线,是在预览窗口中显示的一种线,能够帮助用户改变素材的形状,非常方便实用。本节将具体介绍如何显示和隐藏网格线,如图 2-32所示。

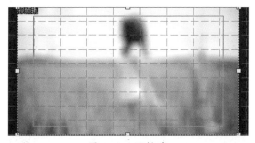
图 2-32 网格线

2.4.1 实战——显示网格线

难　度:	☆☆
素材文件:	素材\第2章\2.4.1
效果文件:	无
在线视频:	第2章\2.4.1实战——显示网格线.mp4

在会声会影2018中,通过勾选"显示网格线"复选框,可以在预览窗口中显示网格线。下面介绍显示网格线的操作方法。

01 启动会声会影2018进入工作界面，右键单击视频轨，在弹出的快捷键菜单中选择"插入照片"命令，添加图片素材（素材\第2章\2.4.1\89085.jpg），视频预览效果如图2-33所示。

图 2-33 预览效果

02 右键单击视频轨中素材，在弹出的快捷键菜单中选择"打开选项面板"命令，如图2-34所示。

图 2-34 执行"打开选项面板"命令

03 打开"效果"选项卡，勾选"显示网格线"复选框，如图2-35所示。

图 2-35 勾选"显示网格线"复选框

04 单击"网格线"按钮 ，网格大小参数设置为11%，勾选"靠近网格"复选框，在"线条类型"下拉列表中选择"点"，设置"线条色彩"颜色为白色，如图2-36所示。

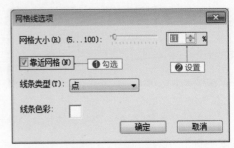

图 2-36 设置参数

05 执行操作后，单击"确定"按钮，回到会声会影2018工作界面，在预览界面即可看到图片显示网格线的最终效果，如图2-37所示。

图 2-37 显示网格线

2.4.2 实战——隐藏网格线

难　　度：☆☆
素材文件：素材\第2章\2.4.2
效果文件：无
在线视频：第2章\2.4.2实战——隐藏网格线.mp4

如果不需要在预览界面中显示网格效果，可以对网格线进行隐藏操作。下面介绍隐藏网格线的操作方法。

01 进入会声会影2018编辑器，单击"文件"|"打开项目"命令，打开一个项目文件（素材\第2章\2.4.2\跑道.VSP），如图2-38所示，其中显示出了网格线效果。

图 2-38 打开项目文件

02 在时间轴面板中，选择相应素材文件，如图 2-39 所示。

图 2-39 选择素材文件

03 展开"属性"选项面板，在其中取消勾选"显示网格线"复选框，如图 2-40 所示。

04 执行操作后，即可隐藏网格线，效果如图 2-41 所示。

图 2-40 取消勾选"显示网格线"复选框

图 2-41 隐藏网格线效果

2.5 设置窗口显示方式 重点

在会声会影2018中，可以对预览窗口进行调整，例如修改窗口背景色，显示标题安全区域和DV时间码等。本节将具体介绍如何设置窗口显示方式。更改窗口背景色前后效果对比如图2-42所示。

更改前

更改后

图 2-42 更改窗口背景色前后对比图

2.5.1 实战——设置窗口背景色

难　度：☆☆
素材文件：无
效果文件：无
在线视频：第2章\2.5.1实战——设置窗口背景色.mp4

对于会声会影2018预览窗口中的背景颜色，用户可以根据操作习惯进行相应的调整。当素材颜色与预览窗口背景色相近时，将预览窗口背景色设置成与素材对比度大的色彩，这样可以更好地区分背景与素材的边界。

01 启动会声会影 2018 进入工作界面，执行"设置"|"参数选择"命令，如图 2-43 所示。

02 弹出"参数选择"对话框，在"常规"选项卡中的"预览窗口"板块中的背景色的文本框中选择灰色，如图 2-44 所示。

图 2-43 执行"设置"|"参数选择"命令

图 2-44 选择灰色背景色

03 单击"确定"设置完成,效果图 2-45 所示。

图 2-45 更改后效果

2.5.2 实战——设置标题安全区域

难　　度:	☆☆
素材文件:	无
效果文件:	无
在线视频:	第2章\2.5.2实战——设置标题安全区域.mp4

在预览窗口中显示标题的安全区域,可以更好地编辑标题字幕,使字幕能完整地显示在预览窗口之内。

01 启动会声会影 2018 进入工作界面,执行"设置"|"参数选择"命令,如图 2-46 所示。

02 弹出"参数选择"对话框,在"常规"选项卡中勾选"在预览窗口中显示标题安全区域"复选框,如图 2-47 所示。

图 2-46 执行"设置"|"参数选择"命令

图 2-47 勾选"在预览窗口中显示标题安全区域"复选框

03 单击"确定"设置完成,效果对比如图 2-48 和图 2-49 所示。

图 2-48 设置前

图 2-49 设置后

2.5.3 实战——显示DV时间码

难　度：☆☆	
素材文件：无	
效果文件：无	
在线视频：第2章\2.5.3实战——显示DV时间码.mp4	

时间码是摄像机在记录图像信号的时候，针对每一幅图像记录的唯一的时间编码，是一种应用于流的数字信号。该信号为视频中的每个帧都分配一个数字，用以表示小时、分钟、秒钟和帧数。在会声会影2018中，用户还可以设置在预览窗口中是否显示DV时间码。下面介绍显示DV时间码的操作方法。

01 启动会声会影 2018 进入工作界面，执行"设置"|"参数选择"命令，如图 2-50 所示。

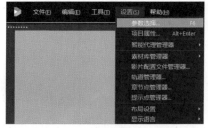

图 2-50 执行"设置"|"参数选择"命令

02 弹出"参数选择"对话框，在"常规"选项卡中勾选"在预览窗口中显示 DV 时间码"复选框，如图 2-51 所示。

图 2-51 勾选"在预览窗口中显示DV时间码"复选框

2.6 保存与切换布局样式

在会声会影以往的版本中，界面调整大多是通过拖动各个界面左上角的一排点来拖动界面位置。但在会声会影2018中，这些小点消失了，换成了一条黑框，这就更加美观方便。本节将具体介绍如何保存与切换布局样式。

2.6.1 实战——保存界面布局样式 难点

难　度：☆☆☆	
素材文件：无	
效果文件：无	
在线视频：第2章\视频\第2章\2.6.1实战——保存界面布局样式.mp4	

在会声会影2018中，用户可以将更改的界面布局样式保存为自定义的界面，并在以后的视频编辑中，根据操作习惯方便地切换界面布局。

01 进入会声会影编辑器，在菜单栏中单击"文件"|"打开项目"命令，任意打开一个项目文件，拖曳调整窗口布局，如图 2-52 所示。

图 2-52 调整界面布局

02 在菜单栏中，单击"设置"|"布局设置"|"保存至"|"自定义 #1"命令，如图 2-53 所示。执行操作后，即可将更改的界面布局样式进行保存操作。

图 2-53 选择菜单栏命令

提示

在会声会影 2018 中，当用户保存了更改后的界面布局样式后，按 Alt+1 组合键，可以快速切换至"自定义 #1"布局样式；按 Alt+2 组合键可以快速切换至"自定义 #2"布局样式；按 Alt+3 组合键，可以快速切换至"自定义 #3"布局样式。单击"设置"|"布局设置"|"切换到"|"默认"命令，或者按 F7 键，可以快速恢复至软件默认的界面布局样式。

2.6.2 实战——切换界面布局样式 重点

难度：☆☆
素材文件：素材\第2章\2.6.2
效果文件：无
在线视频：第2章\2.6.2实战——切换界面布局样式.mp4

在会声会影2018中，当用户自定义多个布局样式后，根据编辑视频的习惯，可以切换至相应的界面布局样式中。下面介绍切换界面布局样式的操作方法。

01 进入会声会影编辑器，在菜单栏中单击"文件"|"打开项目"命令，打开一个项目文件（素材\第2章\2.6.2\花.VSP），此时窗口布局样式如图 2-54 所示。

图 2-54 窗口布局样式

在菜单栏中，单击"设置"|"布局设置"|"切换到"|"默认"命令，如图2-55所示。

图 2-55 选择菜单栏命令

02 执行操作后，即可切换界面布局样式，如图2-56 所示。

图 2-56 默认界面布局

2.7 知识拓展

经过本章的学习，相信读者对会声会影2018的认识又更上一层楼了，不过这些仅仅是会声会影2018的一些常规设置和功能。会声会影2018功能强大，需要读者在边学边做的过程中不断去探索。

平时可以多使用会声会影2018剪辑制作视频，以便快速掌握更高级的操作和设置。在熟悉这个软件的同时，可以多配合一些案例进行学习，多操作才能快速上手。熟练掌握会声会影2018的使用之后，相信它会给读者带来更多的惊喜。

2.8 拓展训练

| 素材文件：无 | 效果文件：无 | 在线视频：第2章\拓展训练.mp4 |

根据本章所学知识，将会声会影2018默认的窗口背景色修改为绿色（RGB值参考：85、255、128），效果如图2-57所示。

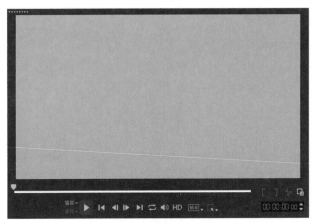

图 2-57 最终效果

第**2**篇

进阶篇

第**3**章

掌握项目编辑方法

所谓项目，就是进行视频加工工作的文件。它可以保存视频文件素材、图片素材、声音素材、背景音乐以及字幕、特效等使用参数信息。本章将详细讲解项目编辑的各类方法。

本章重点

新建和保存项目文件

轨道编辑方法

加密项目文件

使用会声会影2018对视频进行编辑时，会涉及一些项目的基本操作，例如新建项目、打开项目、保存项目和关闭项目等。本节主要介绍会声会影2018项目文件的一些基本操作。

3.1.1 新建项目文件

运行会声会影2018时，程序会自动新建一个项目，若是第一次使用会声会影2018，项目将使用会声会影2018的初始默认设置，项目设置决定了在预览项目时视频项目的渲染方式。新建项目的方法很简单，用户在菜单中单击"文件"菜单，在弹出的菜单列表中单击"新建项目"命令，如图3-1所示，即可新建一个空白项目文件。

图 3-1 单击"新建项目"命令

如果用户正在编辑的视频项目没有进行保存操作，在新建项目的过程中，会弹出保存提示信息框，提示用户是否保存当前编辑的项目文件，如图3-2所示。单击"是"按钮，即可保存当前项目文件；单击"否"按钮，将不保存当前项目文件；单击"取消"按钮，将取消项目的新建操作。

图 3-2 保存提示框

3.1.2 新建HTML5项目文件

在会声会影2018中，用户还可以根据需要新建HTML5项目文件。新建HTML5项目的方法很简单，在菜单栏中单击"文件"菜单，在弹出的菜单列表中单击"新建HTML5项目"命令，如图3-3所示。执行操作后，弹出提示信息框，提示相关信息，如图3-4所示，单击"确定"按钮，即可新建HTML5项目文件。

图 3-3 单击"新建HTML5项目"命令

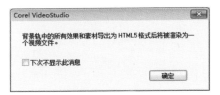

图 3-4 提示信息框

HTML5项目文件的时间轴与默认的项目文件时间轴不同，如图3-5所示。

图 3-5 HTML5项目时间轴

3.1.3 实战——打开项目文件

难　度：☆☆
素材文件：素材\第3章\3.1.3
效果文件：无
在线视频：第3章\3.1.3实战——打开项目文件.mp4

当用户需要使用其他已经保存的项目文件时，可以选择需要的项目文件打开。在会声会

影2018中，打开项目文件有多种方法，这里介绍通过命令打开项目文件。

01 启动会声会影2018进入工作界面，选择菜单栏"文件"|"打开项目"选项，如图3-6所示。

图3-6 执行"打开项目"命令

02 执行操作后，弹出"打开"对话框，选择要打开的项目文件（素材\第3章\3.1.3\打开项目文件.VSP），如图3-7所示。

图3-7 "打开"对话框

"打开"对话框中各属性说明如下。

● "查找范围"列表框：在该列表框中，可以查找计算机硬盘中需要打开文件的具体位置。

● "文件名"文本框：显示了需要打开项目文件的文件名及其属性。

● "文件类型"列表框：显示了会声会影2018可以打开的项目文件类型。

● "打开"按钮：单击该按钮，可以打开项目文件。

● "信息"按钮：单击该按钮，可以查看项目文件的属性信息。

03 单击"打开"按钮，即可打开项目文件。在时间轴视图中可以查看打开的项目文件，时间轴视图如图3-8所示。

图3-8 打开的项目文件

04 在预览窗口中，可以预览视频画面效果，预览效果如图3-9所示。

图3-9 预览效果

提示

在会声会影2018中，按Ctrl+O组合键，也可以快速打开所需的项目文件。

3.1.4 实战——保存项目文件

难　度：☆☆☆
素材文件：素材\第3章\3.1.4
效果文件：无
在线视频：第3章\3.1.4实战——保存项目文件.mp4

在会声会影2018中完成对视频的编辑后，可以将项目文件保存。保存项目文件对视频编辑相当重要，保存了项目文件也就保存了之前对视频编辑的参数信息。保存项目文件后，如果用户对保存的视频有不满意的地方，可以重新打开项目文件，在其中进行修改，并可以将修改后的项目文件渲染成新的视频文件。

01 进入会声会影编辑器，在视频轨中插入一幅素材图像（素材\第3章\3.1.4\碧水.jpg），视频轨如图3-10所示。

02 在预览窗口中预览视频画面效果，预览效果如图3-11所示。

图 3-10 插入素材

图 3-11 预览效果

03 在菜单栏中，单击"文件"|"保存"命令，如图 3-12 所示。

图 3-12 单击"文件"|"保存"命令

04 执行操作后，弹出"另存为"对话框，如图 3-13 所示，在其中设置项目文件的保存位置和文件名称，单击"保存"按钮，即可将制作完成的项目文件进行保存。

图 3-13 "另存为"对话框

"另存为"对话框中各属性说明如下。

● "**保存在**"列表框：在该列表框中，可以设置项目文件的具体保存位置。

● "**文件名**"文本框：在该文本框中，可以设置项目文件的存储名称。

● "**文件类型**"列表框：在该列表框中，可以选择项目文件保存的格式类型。

● "**保存**"按钮：单击该按钮，可以保存项目文件。

● 在会声会影 2018 中，按 Ctrl+S 组合键，也可以快速保存项目文件。

3.1.5 实战——另存为项目文件

难　　度：	☆☆
素材文件：	素材\第3章\3.1.5
效果文件：	无
在线视频：	第3章\3.1.5实战——另存为项目文件.mp4

在保存项目文件的过程中，如果需要更改项目文件的保存位置，此时可以对项目文件进行另存为操作。下面介绍另存为项目文件的操作方法。

01 启动会声会影 2018 进入工作界面，执行"文件"|"打开项目"命令，打开一个项目文件（素材\第 3 章\3.1.5\秋天森林 .VSP），如图 3-14 所示。

图 3-14 执行"打开项目"命令

02 在预览窗口中可以预览视频效果，预览效果如图 3-15 所示。

图 3-15 预览效果

03 在菜单栏中，执行"文件"|"另存为"命令，如图 3-16 所示。

图 3-16 执行"文件"|"另存为"命令

04 执行操作后，弹出"另存为"对话框，如图 3-17 所示。在其中设置项目文件的存储位置和文件名称，然后单击"保存"按钮，即可完成项目文件另存为操作。

图 3-17 "另存为"对话框

相关链接

在会声会影 2018 中，用户可以启用项目的自动保存功能，每隔一段时间，项目文件将自动进行保存操作，保存用户制作好的项目文件。设置项目文件自动保存的方法：单击"设置"|"参数选择"命令，弹出"参数选择"对话框，在"常规"选项卡的"项目"选项区中，勾选"自动保存间隔"复选框，在右侧设置项目文件自动保存的间隔时间，如图 3-18 所示。设置完成后，单击"确定"按钮完成设置。

图 3-18 "自动保存间隔"复选框

3.1.6 实战——将视频导出为模板

难　　度：	☆☆
素材文件：	无
效果文件：	无
在线视频：	第3章\3.1.6实战——将视频导出为模板.mp4

在会声会影2018中，用户可以根据需要将现有项目文件导出为模板，方便以后进行调用。下面介绍导出为模板的操作方法。

01 制作好一个视频片段后，执行"文件"|"导出为模板"|"即时项目模板"命令，如图 3-19 所示。

图 3-19 执行"即时项目模板"命令

02 弹出对话框，单击"是"按钮保存项目文件，然后弹出"将项目导出为模板"对话框，在类别下拉列表中选择"自定义"，单击"确定"完成设置，如图 3-20 所示。

图 3-20 "将项目导出为模板"对话框

提示

会声会影2018菜单栏的"导出为模板"选项下有"即时项目模板"和"影音快手模板"两个选项，注意不要选错。

03 保存模板后，能在相应类别中找到模板并再次使用，如图 3-21 所示。

相关链接

默认情况下，导出的项目模板文件会存放在"自定义"选项卡中，用户在该选项卡中即可查看导出的项目模板，也可以将项目模板导出到"开始""当中"或"结尾"选项卡中。设置模板导出位置的具体方法为：在"将项目导出为模板"对话框中单击"类别"右侧的下拉按钮，在弹出的列表框中选择模板导出的位置即可，如图 3-22 所示。选择相应的选项后，即可将项目文件保存到相应的界面位置。

图 3-21 "自定义"文件夹

图 3-22 下拉列表框

3.2 链接与修复项目文件

在制作视频的过程中，可能会不小心将项目文件丢失或损坏，以至于视频效果不佳。但在会声会影 2018 中，用户能够重新链接项目文件，甚至能够修复项目文件。本节将具体介绍链接与修复项目文件。

3.2.1 实战——打开项目重新链接

难　度：	☆☆☆
素材文件：	素材\第3章\3.2.1
效果文件：	无
在线视频：	第3章\3.2.1实战——打开项目重新链接.mp4

在会声会影 2018 中打开项目文件时，如果素材被移动或丢失，软件会提示用户需要重新链接素材，才能正确打开项目文件。下面介绍打开项目文件时重新链接素材的方法。

01 启动会声会影 2018 进入工作界面，执行"文件"|"打开项目"命令，如图 3-23 所示，打开一个项目文件（素材\第 3 章\3.2.1\刚好遇见你.VSP）。

02 项目文件没有加载成功，弹出"重新链接"对话框。这就说明原项目文件中有素材的位置被移动，需要重新链接。单击"重新链接"按钮，如图 3-24 所示。

图 3-23 执行"打开项目"命令

图 3-24 单击"重新链接"按钮

03 弹出"替换/重新链接素材"对话框，找到移动后的文件，单击"打开"按钮，如图 3-25 所示。

图 3-25 单击"打开"按钮

04 执行操作后，素材重新链接成功，如图 3-26 所示。

图 3-26 素材重新链接

3.2.2 实战——制作过程重新链接

难　　度：	☆☆☆
素材文件：	素材\第3章\3.2.2
效果文件：	无
在线视频：	第3章\3.2.2实战——制作过程重新链接.mp4

在会声会影2018中，用户如果在制作视频的过程中，修改了视频源素材的名称或移动了素材，此时可以在制作过程中重新链接正确的素材文件，使项目文件能够正常打开。下面介绍重新链接素材的操作方法。

01 启动会声会影 2018 进入工作界面，执行"文件"|"打开项目"命令，如图 3-27 所示，打开一个项目文件（素材\第 3 章\3.2.2\银杏树 .VSP）。

图 3-27 菜单栏命令

02 在预览窗口中可预览视频效果，视频效果如图 3-28 所示。

图 3-28 预览效果

03 执行操作后，弹出"重新链接"对话框，如图 3-29 所示。

图 3-29 "重新链接"对话框

04 单击"略过"按钮，项目中素材就会失效，如图 3-30 所示。

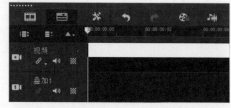

图 3-30 失效的素材

05 单击这个失效的素材，弹出"重新链接"对话框，单击"重新链接"按钮，如图 3-31 所示。

图 3-31 "重新链接"对话框

06 找到移动后的文件，单击"打开"按钮，如图 3-32 所示。

图 3-32 重新链接文件

07 重新链接文件后，就能继续使用该项目文件并编辑视频，预览效果如图 3-33 所示。

图 3-33 预览效果

3.2.3 实战——修复损坏的视频

难　　度：	☆☆☆
素材文件：	素材\第3章\3.2.3
效果文件：	无
在线视频：	第3章\3.2.3实战——修复损坏的视频.mp4

在会声会影2018中，用户可以通过软件的修复功能，修复已损坏的视频文件。

01 进入会声会影编辑器，在菜单栏中单击"文件"|"修复DVB-T视频"命令，如图 3-34 所示。

图 3-34 菜单栏命令

02 弹出"修复 DVB-T 视频"对话框，单击"添加"按钮，如图 3-35 所示。

图 3-35 "修复DVB-T视频"对话框

03 弹出"打开视频文件"对话框，在其中选择需要修复的视频文件（素材\第 3 章\3.2.3\银杏树.mpg），如图 3-36 所示。

图 3-36 "打开视频文件"对话框

04 单击"打开"按钮，返回"修复DVB-T视频"对话框，其中显示了刚添加的视频文件，如图 3-37 所示。

图 3-37 "修复DVB-T视频"对话框

"修复DVB-T视频"对话框中各属性说明如下。

● "添加"按钮：可以在对话框中添加需要修复的视频素材。

● "删除"按钮：删除对话框中不需要修复的单个视频素材。

● "全部删除"按钮：将对话框中所有的视频素材进行删除操作。

● "修复"按钮：对视频进行修复操作。

● "取消"按钮：取消视频的修复操作。

05 单击"修复"按钮，即可开始修复视频文件，稍等片刻，弹出"任务报告"对话框，提示视频不需要修复，如图 3-38 所示。如果是已损坏的视频文件，则会提示修复完成。

06 单击"确定"按钮，即可开始修复视频文件，修复完成的视频被添加到视频轨中。在预览窗口中可以预览视频画面效果，预览效果如图 3-39 所示。

图 3-38 "任务报告"对话框

图 3-39 预览效果

3.2.4 实战——成批转换视频文件

难　　度：☆☆	
素材文件：素材\第3章\3.2.4	
效果文件：素材\第3章\3.2.4\柏林-OK.AVI	
在线视频：第3章\3.2.4实战——成批转换视频文件.mp4	

在会声会影2018中，如果用户对某些视频文件的格式不满意，此时可以运用"成批转换"功能，成批转换视频文件的格式，使之符合用户的视频需求。下面介绍成批转换视频文件的方法。

01 启动会声会影 2018 进入工作界面，执行"文件"|"成批转换"命令，如图 3-40 所示。

图 3-40 执行"成批转换"命令

02 弹出"成批转换"对话框，单击"添加"按钮，在弹出的"打开视频文件"对话框中选择要转换的文件（素材\第3章\3.2.4\柏林.wmv 和柏林、儿童、儿童01、试作_01.mp4），如图 3-41 所示。

图 3-41 选择要转换的文件

03 单击"打开"按钮，回到"成批转换"对话框，单击"转换"按钮，开始渲染，如图 3-42 所示。

图 3-42 开始渲染

轨道有很多种，比如视频轨、音乐轨和覆叠轨等。一般软件默认的轨道只有一个，用户可以根据个人需要增加轨道，不过视频轨不能增加。只有好好利用这些轨道，才能制作出专业的视频。本节将具体介绍轨道的编辑方法。

3.3.1 实战——添加覆叠轨

难　度:	☆☆☆
素材文件:	无
效果文件:	无
在线视频:	第3章\3.3.1实战——添加覆叠轨.mp4

在会声会影2018中，"覆叠"就是画面的叠加，即在屏幕上同时显示多个画面效果。用户如果需要制作视频的画中画效果，就需要新增多条覆叠轨道来制作覆叠特效。下面介绍新增覆叠轨道的操作方法。

01 启动会声会影2018进入工作界面，执行"设置"|"轨道管理器"命令，如图3-43所示。

02 弹出"轨道管理器"对话框，在覆叠轨下拉列表中选择"3"，然后单击"确定"按钮，如图3-44所示。

图3-43 执行"轨道管理器"命令

图3-44 增加至3条覆叠轨

03 执行操作后，覆叠轨将增加至3条，如图3-45所示。

图3-45 3条覆叠轨

3.3.2 实战——添加标题轨 重点

难　度:	☆☆
素材文件:	无
效果文件:	无
在线视频:	第3章\3.3.2实战——添加标题轨.mp4

在会声会影2018中，如果一条标题轨无法满足用户的视频需求，可以在时间轴面板中新增标题轨道。下面介绍新增标题轨道的操作方法。

01 启动会声会影2018进入工作界面，执行"设置"|"轨道管理器"命令，如图3-46所示。

02 弹出"轨道管理器"对话框，在标题轨下拉列表中选择"2"，然后单击"确定"按钮，如图3-47所示。

图3-46 执行"轨道管理器"命令

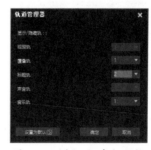

图3-47 增加至2条标题轨

03 执行操作后，标题轨将增加至两条，如图3-48所示。

图3-48 两条标题轨

3.3.3 实战——添加音乐轨

难　　度:	☆☆
素材文件:	无
效果文件:	无
在线视频:	第3章\3.3.3实战——添加音乐轨.mp4

在会声会影2018中，如果用户需要为视频添加多段背景音乐，首先需要新增多条音乐轨道，才能将相应的音乐添加至轨道中。下面介绍新增音乐轨道的操作方法。

01 启动会声会影2018进入工作界面，执行"设置"|"轨道管理器"命令，如图3-49所示。

图 3-49　执行"轨道管理器"命令

02 弹出"轨道管理器"对话框，在音乐轨下拉列表中选择"8"，然后单击"确定"按钮，如图3-50所示。

图 3-50　增加至8条音乐轨

03 执行操作后，音乐轨将增加至8条，如图3-51所示。

图 3-51　8条音乐轨

3.3.4 实战——交换覆叠轨道

难　　度:	☆☆☆
素材文件:	素材\第3章\3.3.4
效果文件:	无
在线视频:	第3章\3.3.4实战——交换覆叠轨道.mp4

在会声会影2018中制作画中画效果时，如果用户需要将某一个画中画效果移至前面，可以通过交换覆叠轨道的操作，快速调整画面叠放顺序。下面介绍交换覆叠轨道的操作方法。

01 启动会声会影2018进入工作界面，执行"设置"|"轨道管理器"命令，如图3-52所示。

图 3-52　执行"轨道管理器"命令

02 弹出"轨道管理器"对话框，在覆叠轨下拉列表中选择"2"，然后单击"确定"按钮，如图3-53所示。

图 3-53　增加至2条覆叠轨

03 在覆叠轨1中右键单击，在弹出的快捷菜单中选择"插入照片"选项，弹出"浏览照片"对话框，选择素材图片"1.jpg"（第3章\3.3.4\1.jpg），如图3-54所示。

图 3-54　添加覆叠轨1素材

04 使用相同方法，将素材图片"4.jpg"（第3章\

3.3.4\4.jpg）添加至覆叠轨2，如图3-55所示。

图3-55 添加覆叠轨2素材

05 右键单击"覆叠轨1"按钮，在弹出的快捷键菜单中选择"交换轨"|"覆叠轨#2"，如图3-56所示。

图3-56 交换轨

06 交换完成后，两个覆叠轨之间内容互换，如图3-57和图3-58所示。

图3-57 交换前

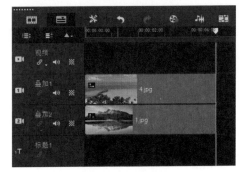

图3-58 交换后

<h2>3.4 加密打包项目文件</h2>

自己制作出来的视频的项目文件也属于个人财产和个人隐私，为了保护这些项目文件，我们可以在会声会影2018中进行加密打包。本节将具体介绍加密打包项目文件。

3.4.1 实战——加密打包压缩文件 （难点）

难 度：	☆☆☆
素材文件：	素材\第3章\3.4.1
效果文件：	素材\第3章\3.4.1
在线视频：	第3章\3.4.1实战——加密打包压缩文件.mp4

在会声会影2018中，用户可以将项目文件打包为压缩文件，还可以对打包的压缩文件设置密码，以保证文件的安全性。下面介绍将项目文件加密打包为压缩文件的操作方法。

01 找到需要加密打包的项目文件（素材\第3章\3.4.1\1.VSP），右键单击项目文件，执行"添加到压缩文件"命令，如图3-59所示。

02 弹出"带密码压缩"对话框，单击"设置密码"按钮，如图3-60所示。

图3-59 执行"添加到压缩文件"命令

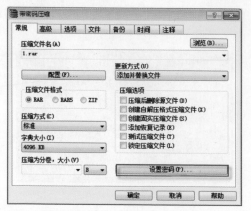

图 3-60 单击"设置密码"按钮

03 弹出"输入密码"对话框,在"输入密码"和"再次输入密码以确认"栏中填写密码,如图 3-61 所示,然后单击"确定"按钮。

图 3-61 设置密码

04 回到"带密码压缩"对话框,单击"确定"按钮开始压缩。压缩完毕后,加密打包压缩文件就成功了,如图 3-62 所示。

图 3-62 加密打包压缩文件

3.4.2 实战——打包项目为文件夹 （难点）

难 度:	☆☆
素材文件:	无
效果文件:	无
在线视频:	第3章\3.4.2实战——打包项目为文件夹.mp4

在会声会影2018中,用户不仅可以将项目文件打包为压缩包,还可以将项目文件打包为文件夹。下面介绍打包项目为文件夹的操作方法。

01 找到需要加密打包的所有项目文件,创建一个新的文件夹,将它们拖入,然后右键单击文件夹,执行"添加到压缩文件"命令,如图 3-63 所示。

02 弹出"压缩文件名和参数"对话框,单击"设置密码"按钮,如图 3-64 所示。

图 3-63 执行"添加到压缩文件"命令

图 3-64 单击"设置密码"按钮

03 弹出"输入密码"对话框,在"输入密码"和"再次输入密码以确认"栏中填写密码,如图 3-65 所示,然后单击"确定"按钮。

04 回到"压缩文件名和参数"对话框,单击"确定"按钮开始压缩。压缩完毕后,加密打包文件夹就成功了,如图 3-66 所示。

图 3-65 设置密码

图 3-66 加密打包压缩文件夹

3.5 知识拓展

在学会制作高质量的视频之前，我们必须将视频制作的基础打牢固。本章介绍的内容都是会声会影2018的基本项目及文件操作，只有熟练掌握了这部分基础知识，才能得心应手地对各类文件及素材进行编辑和操作。

3.6 拓展训练

素材文件：素材\第3章\拓展训练　|　效果文件：效果\第3章\拓展训练　|　在线视频：第3章\拓展训练.mp4

根据本章所学知识，利用会声会影2018中的360°视频功能，将普通视频转化为360°的全景视频，效果如图 3-67所示。

图 3-67 最终效果

第 **4** 章

使用自带模板特效

在会声会影2018中，提供了多种类型的主题模板，如即时项目模板、对象模板和边框模板等各种类型的模板。用户可以灵活运用这些主题模板，将大量的生活和旅游照片制作成动态影片。本节主要向读者介绍在会声会影2018中运用各类模板的方法。

本章重点

使用会声会影2018项目模板

运用其他模板

应用影音快手功能

会声会影2018中提供了多种类型的即时项目模板，大大简化了手动编辑的步骤，用户可根据需要选择不同的即时项目模板。下面介绍部分视频片头模板，用户可根据喜好将其添加至时间轴面板中。

4.1.1 视频开始模板介绍

1. "IP-01"项目模板

这套开始模板可以运用在家庭类视频的片头位置，其预览效果如图4-1和图4-2所示。

图4-1 预览效果（1）

图4-2 预览效果（2）

2. "IP-02"项目模板

这套开始模板可以运用在个人相册类视频的片头位置，其预览效果如图4-3和图4-4所示。

图4-3 预览效果（1）

图4-4 预览效果（2）

3. "IP-03"项目模板

这套开始模板可以运用在婚庆类视频的片头位置，其预览效果如图4-5和图4-6所示。

图4-5 预览效果（1）

图4-6 预览效果（2）

4. "IP-04"项目模板

这套开始模板可以运用在旅游类视频的片头位置，其预览效果如图4-7和图4-8所示。

图 4-7 预览效果（1）

图 4-8 预览效果（2）

4.1.2 实战——运用开始项目模板 （重点）

难　　度：☆☆☆
素材文件：无
效果文件：无
在线视频：第4章\4.1.2实战——运用开始项目模板.mp4

会声会影2018的向导模板可以应用于不同阶段的视频制作中，如"开始"向导模板，用户可将其添加在视频项目的开始处，制作成视频的片头。下面介绍运用开始项目模板的操作方法。

01 进入会声会影2018，在素材库的左侧单击"即时项目"按钮，如图4-9所示。

图 4-9 单击"即时项目"按钮

02 打开"即时项目"素材库，显示库导航面板，在面板中选择"开始"选项，如图4-10所示。

图 4-10 选择"开始"选项

03 进入"开始"素材库，在该素材库中选择"IP-05"开始项目模板，如图4-11所示。

04 在项目模板上右键单击，在弹出的快捷菜单中选择"在开始处添加"选项，如图4-12所示。

图 4-11 选择"IP-05"项目模板

图 4-12 选择"在开始处添加"选项

05 执行上述操作后，即可将开始模板插入至视频轨中的开始位置，如图4-13所示。

图 4-13 插入至视频开始位置

06 单击导航面板中的"播放"按钮，预览项目模板视频效果，预览效果如图4-14和图4-15所示。

图 4-14 预览效果（1）

图 4-15 预览效果（2）

4.2 视频当中特效模板

本书介绍视频当中模板如果用户喜欢，可以将其添加至时间轴面板中，添加的方法与前面介绍的方法一致。

4.2.1 视频当中模板介绍

1. "IP-02"当中模板

这套当中模板无特殊效果，只是简单地展示素材，其预览效果如图4-16和图4-17所示。

图 4-16 预览效果（1）

图 4-16 预览效果（2）

2. "IP-03"当中模板

这套当中模板有特殊效果，其展示素材效果如图 4-18和图 4-19所示。

图 4-18 预览效果（1）

图 4-19 预览效果（2）

3. "IP-04"当中模板

这套当中模板结合了IP-02和IP-03的效果，如图 4-20和图 4-21所示。

图 4-20 预览效果（1）

图 4-21 预览效果（2）

4.　"IP-05"当中模板

　　这套当中模板画面效果偏老旧样式，可以运用在回忆类个人相册类的视频中，其预览效果如图 4-22和图 4-23所示。

图 4-22 预览效果（1）

图 4-23 预览效果（2）

5.　"IP-06"当中模板

　　这套当中模板画面效果偏亮，可以用来突出人物展示，其预览效果如图 4-24和图 4-25所示。

图 4-24 预览效果（1）

图 4-25 预览效果（2）

6.　"IP-07"当中模板

　　这套当中模板有文字特效，淡化了颜色的效果，其预览效果如图 4-26和图 4-27所示。

图 4-26 预览效果（1）

图 4-27 预览效果（2）

7. "IP-08"当中模板

这套当中模板改变了颜色的对比度和色调，其预览效果如图4-28和图4-29所示。

图 4-28 预览效果（1）

图 4-29 预览效果（2）

8. "IP-09"当中模板

这套当中模板有特殊的转场效果，可用于展示人物照片，其预览效果如图4-30和图4-31所示。

图 4-30 预览效果（1）

图 4-31 预览效果（2）

4.2.2 实战——运用当中项目模板 重点

难　　度：☆☆☆
素材文件：无
效果文件：无
在线视频：第4章\4.2.2实战——运用当中项目模板.mp4

在会声会影2018的"当中"向导中，提供了多种即时项目模板，每一个模板都提供了不一样的素材转场以及标题效果，用户可根据需要选择不同的模板应用到视频中。下面介绍运用当中模板向导制作视频的操作方法。

01 进入会声会影2018，在素材库的左侧单击"即时项目"按钮，打开"即时项目"素材库，显示库导航面板。在面板中选择"当中"选项，如图4-32所示。

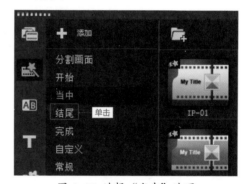

图 4-32 选择"当中"选项

02 进入"当中"素材库，在该素材库中选择相应的当中项目模板，如图4-33所示。

图 4-33 "当中"素材库

03 按住鼠标左键，并将其拖曳至视频轨中，释放鼠标左键，即可在时间轴面板中插入当中项目主题模板，如图 4-34 所示。

图 4-35 预览效果（1）

图 4-34 拖曳至视频轨中

04 执行上述操作后，单击导航面板中的"播放"按钮，预览当中即时项目模板效果，如图 4-35和图 4-36 所示。

图 4-36 预览效果（2）

4.3 结尾项目特效模板

本书介绍视频结尾模板，结尾模板中的各项目与开始模板中的同名项目是相对应的。如果用户喜欢，可以将其添加至时间轴面板中，添加的方法与前面介绍的方法一致。

4.3.1 视频结尾模板介绍

1. "IP-01"结尾模板

这套结尾模板与开始模板中的"IP-01"项目模板能够相对应，"IP-01"结尾模板效果如图 4-37和图 4-38所示。

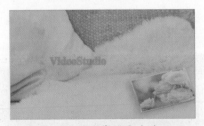

图 4-37 预览效果（1）

图 4-38 预览效果（2）

2. "IP-02"结尾模板

这套结尾模板与开始模板中的"IP-02"项目模板能够相对应，"IP-02"结尾模板效果如图 4-39和图 4-40所示。

图 4-39 预览效果（1）

图 4-40 预览效果（2）

3."IP-03"结尾模板

这套结尾模板与开始模板中的"IP-03"项目模板能够相对应，"IP-03"结尾模板效果如图4-41和图4-42所示。

图 4-41 预览效果（1）

图 4-42 预览效果（2）

4."IP-04"结尾模板

这套结尾模板与开始模板中的"IP- 04"项目模板能够相对应，"IP-04"结尾模板效果如图4-43和图4-44所示。

图 4-43 预览效果（1）

图 4-44 预览效果（2）

4.3.2 实战——运用结尾项目模板

难　　度：	☆☆☆
素材文件：	无
效果文件：	无
在线视频：	第4章\4.3.2实战——运用结尾项目模板.mp4

会声会影2018提供了结尾项目模板，用户可以将其添加在视频项目的结尾处，制作成专业的片尾动画效果。下面介绍运用结尾向导制作视频结尾画面的操作方法。

01 进入会声会影2018，在素材库的左侧单击"即时项目"按钮，打开"即时项目"素材库，显示库导航面板，在面板中选择"结尾"选项，如图4-45所示。

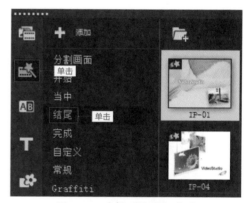

图 4-45 选择"结尾"选项

02 进入"结尾"素材库，在该素材库中选择"IP-05"结尾项目模板，如图4-46所示。

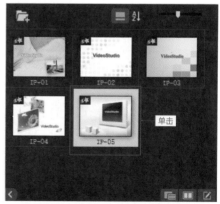

图 4-46 选择"IP-05"项目模板

03 按住鼠标左键，并将其拖曳至视频轨中，释放鼠标左键，即可在时间轴面板中插入结尾项目主题模板，如图 4-47 所示。

图 4-47 插入结尾项目模板

04 执行上述操作后，单击航面板中的"播放"按钮，预览结尾即时项目模板效果，如图 4-48 和图 4-49 所示。

图 4-48 预览效果（1）

图 4-49 预览效果（2）

4.4 视频完成特效模板

本书介绍几款视频完成模板。如果用户喜欢，可以将其添加至时间轴面板中，添加方法与前面介绍的方法是一样的。

4.4.1 视频完成模板介绍

1. "IP-01"完成模板

这套完成项目模板可以运用在婴儿相册类视频中，其预览效果如图 4-50 和图 4-51 所示。

图 4-50 预览效果（1）

图 4-51 预览效果（2）

2. "IP-02"完成模板

这套完成项目模板可以运用在家庭相册类视频中，其预览效果如图 4-52 和图 4-53 所示。

图 4-52 预览效果（1）

图 4-53 预览效果（2）

3. "IP-03"完成模板

这套完成项目模板可以运用在古典相册类视频中，其预览效果如图4-54和图4-55所示。

图 4-54 预览效果（1）

图 4-55 预览效果（2）

4. "IP-04"完成模板

这套完成项目模板可以运用在旅游相册类视频中，其预览效果如图4-56和图4-57所示。

图 4-56 预览效果（1）

图 4-57 预览效果（2）

4.4.2 实战——运用完成项目模板

难　　度：	☆☆☆
素材文件：	无
效果文件：	无

在线视频：第4章\4.4.2实战——运用完成项目模板.mp4

会声会影2018为用户提供了"完成"向导模板，在该向导中，用户可以选择相应的视频模板并将其应用到视频制作中。在"完成"项目模板中，每一个项目都是一段完整的视频，其中包含片头、片中与片尾的特效。下面介绍运用完成向导制作视频画面的操作方法。

01 进入会声会影2018，在素材库的左侧单击"即时项目"按钮，打开"即时项目"素材库，显示库导航面板，在面板中选择"完成"选项，如图4-58所示。

图 4-58 选择"完成"选项

02 进入"完成"素材库，在该素材库中选择"IP-05"完成项目模板，如图4-59所示。

图 4-59 选择"IP-05"项目模板

03 按住鼠标左键，并将其拖曳至视频轨中，释放鼠标左键，即可在时间轴面板中插入完成项目主题模板，如图 4-60 所示。

图 4-60 插入完成项目模板

04 执行上述操作后，单击导航面板中的"播放"按钮，预览完成即时项目模板效果，如图 4-61和图 4-62 所示。

图 4-61 预览效果（1）

图 4-62 预览效果（2）

4.5 视频常规特效模板

本书介绍几款视频常规模板。如果用户喜欢，可以将其添加至时间轴面板中，添加方法与前面介绍的方法是一样的。

4.5.1 视频常规模板介绍

1. "V-02"常规模板

这套常规项目模板拥有一个片头，可以运用在一般相册类视频中，其预览效果如图 4-63和图 4-64所示。

图 4-63 预览效果（1）

图 4-64 预览效果（2）

2. "V-51"常规模板

这套常规项目模板拥有滤镜和转场特效，可以运用在回忆相册类视频中，其预览效果如图 4-65和图 4-66所示。

图 4-65 预览效果（1）

图 4-66 预览效果（2）

3. "V-52"常规模板

这套常规项目模板拥有许多不同的滤镜和过场特效，且开头和结尾的过场动画很精致，可以运用在卡通相册类视频中，其预览效果如图 4-67和图 4-68所示。

图 4-67 预览效果（1）

图 4-68 预览效果（2）

4.5.2 实战——运用常规项目 模板 重点

难　　度：	☆☆☆
素材文件：	无
效果文件：	无
在线视频：	第4章\4.5.2实战——运用常规项目模板.mp4

在会声会影2018中，除了上述的4种向导模板，还为用户提供了"常规"向导模板。在该向导中，项目模板的照片效果能够满足大部分用户的需求，用户只需要替换项目模板中的照片，就能够完成视频相册的制作，下面介绍运用常规向导制作视频画面的操作方法。

01 进入会声会影2018，在素材库的左侧单击"即时项目"按钮，打开"即时项目"素材库，显示库导航面板，在面板中选择"常规"选项，如图4-69所示。

图 4-69 选择"常规"选项

02 进入"常规"素材库，在该素材库中选择"V-01"常规项目模板，如图 4-70 所示。

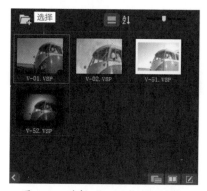

图 4-70 选择"V-01"项目模板

03 按住鼠标左键，并将其拖曳至视频轨中，释放鼠标左键，即可在时间轴面板中插入常规项目主题模板，如图 4-71 所示。

图 4-71 插入常规项目模板

04 执行上述操作后，单击导航面板中的"播放"按钮，预览常规即时项目模板效果，如图 4-72 和图 4-73 所示。

图 4-72 预览效果（1）

图 4-73 预览效果（2）

4.6 运用软件自带其他模板

在会声会影2018中，除了即时项目模板外，还有很多其他主题模板，如对象模板、边框模板等，在编辑视频时，可以适当添加这些模板，让视频更加丰富多彩，具有画面感。本节主要介绍运用其他模板的操作方法。

4.6.1 实战——运用对象模板 重点

难　度：☆☆☆	
素材文件：素材\第4章\4.6.1	
效果文件：素材\第4章\4.6.1	
在线视频：第4章\4.6.1实战——运用对象模板.mp4	

会声会影2018中提供了多种类型的对象主题模板，用户可以根据需要将对象主题模板应用到所编辑的视频中，使视频画面更加美观。下面介绍运用对象模板制作视频画面的操作方法。

01 进入会声会影2018，单击"文件"|"打开项目"命令，打开一个项目文件（素材\第4章\4.6.1\森林.VSP），如图4-74所示。

图 4-74 打开项目文件

02 在预览窗口中可预览图像效果，如图4-75所示。

图 4-75 预览效果

03 在素材库的左侧，单击"图形"按钮，如图4-76所示。

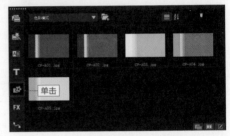

图 4-76 单击"图形"按钮

04 切换至"图形"素材库，单击窗口上方的"画廊"按钮，在弹出的列表框中选择"对象"选项，如图4-77所示。

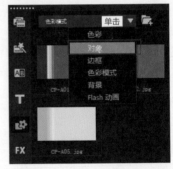

图 4-77 选择"对象"选项

05 打开"对象"素材库，其中显示了多种类型的对象模板，选择一个需要添加的对象模板，如图4-78所示。

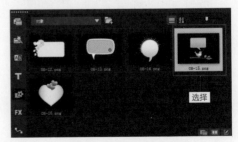

图 4-78 选择对象模板

06 在对象模板上右键单击，在弹出的快捷菜单中选择"插入到"|"覆叠轨#1"选项，如图4-79所示。

图 4-79 选择"覆叠轨#1"选项

07 执行上述操作后，即可将选择的对象模板插入到覆叠轨1中，如图4-80所示。

08 在预览窗口中，调整对象模板位置后，可预览添加的对象模板效果，如图4-81所示。

图 4-80 插入对象模板

图 4-81 预览效果

提示

在会声会影2018的"对象"素材库中，提供了多种对象素材供用户选择和使用。用户需要注意的是，将对象素材添加至覆叠轨中后，如果发现其大小和位置与视频背景不符合，可以通过拖曳的方式调整覆叠素材的大小和位置等属性。

4.6.2 实战——运用边框模板（难点）

难　　度：☆☆☆
素材文件：素材\第4章\4.6.2
效果文件：素材\第4章\4.6.2
在线视频：第4章\4.6.2实战——运用边框模板.mp4

在会声会影2018中编辑影片时，适当地为素材添加边框模板，可以制作出绚丽多彩的视频作品。下介绍运用边框模板制作视频画面的操作方法。

01 进入会声会影2018，单击"文件"|"打开项目"命令，打开一个项目文件（素材\第4章\4.6.2\打篮球.VSP），如图4-82所示。

图 4-82 打开项目文件

02 在预览窗口中可预览图像效果，如图4-83所示。

图 4-83 预览效果

03 在素材库的左侧，单击"图形"按钮，如图4-84所示。

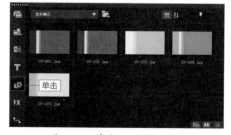

图 4-84 单击"图形"按钮

04 切换至"图形"素材库，单击窗口上方的"画廊"按钮，在弹出的列表框中选择"边框"选项，如图 4-85 所示。

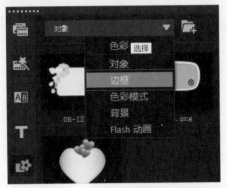

图 4-85 选择"边框"选项

05 打开"边框"素材库，其中显示了多种类型的边框模板，选择一个需要添加的边框模板，如图 4-86 所示。

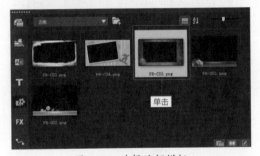

图 4-86 选择边框模板

06 在边框模板上右键单击，在弹出的快捷菜单中选择"插入到"|"覆叠轨 #1"选项，如图 4-87 所示。

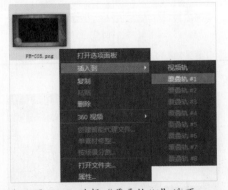

图 4-87 选择"覆叠轨#1"选项

07 执行上述操作后，即可将选择的边框模板插入到覆叠轨 1 中，如图 4-88 所示。

图 4-88 插入边框模板

08 在预览窗口中，可预览添加的边框模板效果，如图 4-89 所示。

图 4-89 预览效果

4.6.3 实战——运用Flash 模板 重点

难　度：☆☆☆
素材文件：素材\第4章\4.6.3
效果文件：素材\第4章\4.6.3
在线视频：第4章\4.6.3实战——运用Flash模板.mp4

会声会影2018中提供了多种样式的Flash模板，用户可根据自身需要进行相应的选择，将其添加至覆叠轨或视频轨中，使制作的影片效果更加漂亮。下面介绍运用Flash模板制作视频画面的操作方法。

01 进入会声会影 2018，单击"文件"|"打开项目"命令，打开一个项目文件（素材\第 4 章\4.6.3\特警.VSP），如图 4-90 所示。

图 4-90 打开项目文件

02 在预览窗口中可预览图像效果，如图 4-91 所示。

图 4-91 预览效果

03 在素材库的左侧，单击"图形"按钮，如图 4-92 所示。

04 切换至"图形"素材库，单击窗口上方的"画廊"按钮，在弹出的列表框中选择"Flash 动画"选项，如图 4-93 所示。

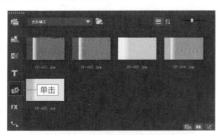

图 4-92 单击"图形"按钮

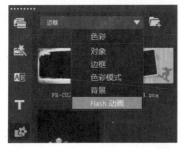

图 4-93 选择"Flash动画"选项

05 打开"Flash 动画"素材库，其中显示了多种类型的 Flash 模板，选择一个需要添加的 Flash 模板，如图 4-94 所示。

图 4-94 选择Flash模板

06 在 Flash 模板上右键单击，在弹出的快捷菜单中选择"插入到"|"覆叠轨 #1"选项，如图 4-95 所示。

图 4-95 选择"覆叠轨#1"选项

07 执行上述操作后，即可将选择的 Flash 模板插入到覆叠轨 1 中，如图 4-96 所示。

图 4-96 插入Flash模板

08 在预览窗口中，可预览添加的Flash 模板效果，如图 4-97 所示。

图 4-97 预览效果

4.6.4 实战——运用色彩模板 (难点)

难　　度：☆☆☆☆	
素材文件：素材\第4章\4.6.4	
效果文件：素材\第4章\4.6.4	
在线视频：第4章\4.6.4实战——运用色彩模板.mp4	

会声会影2018中提供了多种样式的色彩模板，用户可根据自身需要进行相应的选择，将其添加至覆叠轨或视频轨中，使制作的影片效果更具观赏性。下面介绍运用色彩模板制作视频画面的操作方法。

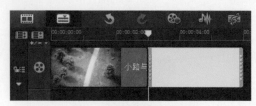

图 4-101 拖曳至视频轨

01 进入会声会影2018，单击"文件"|"打开项目"命令，打开一个项目文件（素材\第4章\4.6.4\小路与树.VSP），如图4-98所示。

02 在预览窗口中可预览图像效果，如图4-99所示。

05 在素材库左侧，单击"转场"按钮，进入"转场"素材库，在"过滤"特效组中选择"交叉淡化"转场效果，如图4-102所示。

图 4-98 打开项目文件

图 4-102 选择"交叉淡化"转场效果

06 将选择的转场效果拖曳至视频轨中的素材与色块之间，添加"交叉淡化"转场效果，如图4-103所示。

图 4-99 预览效果

03 在素材库的左侧，单击"图形"按钮，切换至"色彩"素材库，其中显示了多种类型的色彩模板，选择一个需要添加的色彩模板，如图4-100所示。

图 4-103 添加"交叉淡化"转场效果

07 单击导航面板中的"播放"按钮，预览色彩效果，如图4-104和图4-105所示。

图 4-100 选择色块模板

04 按住鼠标左键并将其拖曳至视频轨中的适当位置，释放鼠标左键，即可添加色彩模板，如图4-101所示。

图 4-104 预览效果（1）

图 4-105 预览效果（2）

4.7 运用影音快手制片

影音快手模板功能非常适合新手，可以让新手快速、方便地制作出视频画面，还可以制作出非常专业的影视短片效果。本节主要介绍运用影音快手模板套用素材制作视频画面的方法，希望读者熟练掌握本节内容。

4.7.1 实战——选择影音模板

难　度：	☆☆☆
素材文件：	无
效果文件：	无
在线视频：	第4章\4.7.1实战——选择影音模板.mp4

在会声会影2018中，用户可以通过菜单栏中的"影音快手"命令快速启动"影音快手"程序。启动程序后，用户首先需要选择影音模板，下面介绍具体操作方法。

01 进入会声会影2018，在菜单栏中单击"工具"菜单下的"影音快手"命令，如图4-106所示。

图 4-106 单击"影音快手"命令

02 执行操作后，即可进入影音快手工作界面，如图4-107所示。

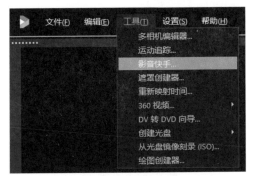

图 4-107 影音快手工作界面

03 在右侧的"所有主题"列表框中，选择一种视频主题样式，如图4-108所示。

图 4-108 选择一种视频主题样式

04 在左侧的预览窗口下方，单击"播放"按钮，如图4-109所示。

图 4-109 单击"播放"按钮

05 开始播放主题模板画面，预览模板效果，如图4-110和图4-111所示。

图 4-110 预览效果（1）

图 4-111 预览效果（2）

4.7.2 实战——添加影音素材 重点

难　　度：☆☆☆
素材文件：素材\第4章\4.7.2
效果文件：无
在线视频：第4章\4.7.2实战添加影音素材.mp4

选择好影音模板后，接下来需要在模板中添加需要的影视素材，使制作的视频画面更加符合用户的需求。下面介绍添加影音素材的操作方法。

01 完成第一步的影音模板选择后，接下来单击“添加媒体”按钮，如图 4-112 所示。

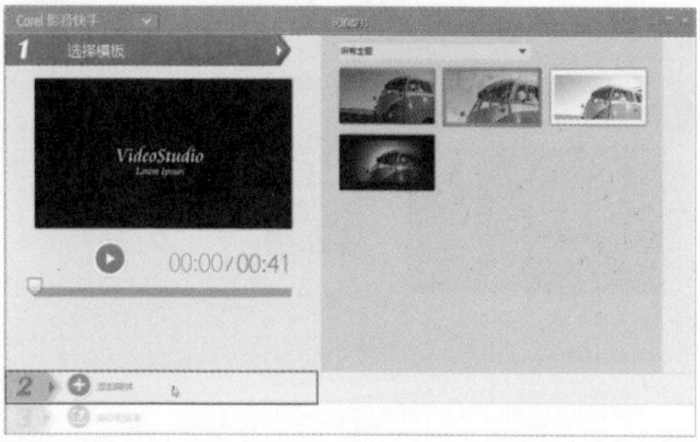

图 4-112 单击“添加媒体”按钮

02 执行操作后，即可打开相应面板，单击右侧的“添加媒体”按钮，如图 4-113 所示。

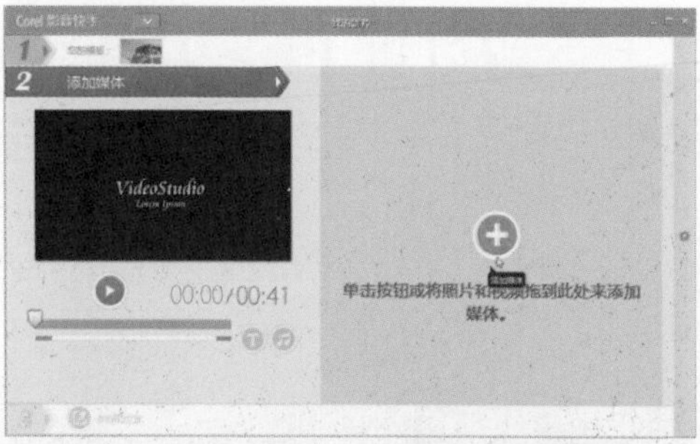

图 4-113 单击“添加媒体”按钮

03 执行操作后，弹出“添加媒体”对话框，在其中选择需要添加的素材文件，如图 4-114 所示。

图 4-114 选择需要添加的素材文件

04 单击“打开”按钮，将媒体文件添加到“Corel 影音快手”界面中，窗口右侧显示了新增的媒体文件，如图 4-115 所示。

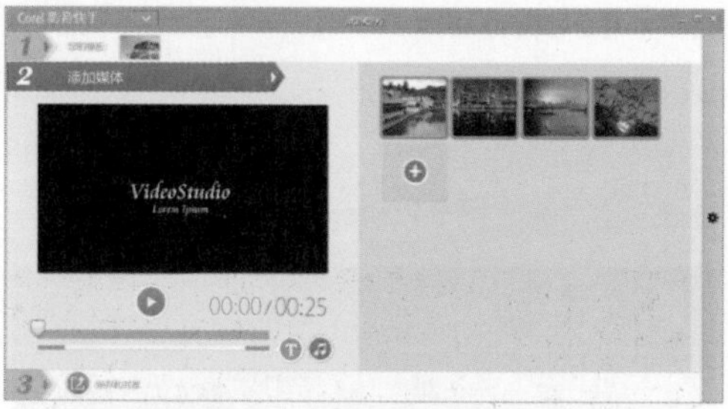

图 4-115 新增的媒体文件

05 在左侧预览窗口下方，单击“播放”按钮，预览更换素材后的影片模板效果，如图 4-116 和图 4-117 所示。

图 4-116 预览效果（1）

图 4-117 预览效果（2）

4.7.3 实战——输出影音文件

难　度：☆☆☆
素材文件：素材\第4章\4.7.3
效果文件：素材\第4章\4.7.3\渲染视频.mp4
在线视频：第4章\4.7.3输出影音文件.mp4

选择好影音模板并添加相应的素材后，最后一步即为输出制作的影视文件，使其可以在任意播放器中进行播放，并永久收藏。下面介绍输出影视文件的具体操作方法。

01 完成上一小节中的第二步操作后，单击"保存并分享"按钮，如图 4-118 所示。

图 4-118　单击"保存并分享"按钮

02 执行操作后，打开相应面板，在右侧单击"MPEG-4"按钮，如图 4-119 所示，导出为MPEG 视频格式。

图 4-119　单击"MPEG-4"按钮

03 单击"文件位置"右侧的浏览按钮，弹出"另存为"对话框，在其中设置视频文件的输出位置与文件名称，如图 4-120 所示。

04 单击"保存"按钮，完成视频输出属性的设置，返回影音快手界面，在左侧单击"保存电影"按钮，如图 4-121 所示。

图 4-120　"另存为"对话框

图 4-121　单击"保存电影"按钮

05 执行操作后，开始输出渲染视频文件，并显示输出进度，如图 4-122 所示。

图 4-122　输出渲染视频文件

06 视频输出完成后，弹出提示信息框，提示用户影片已经输出成功，单击"确定"按钮，即可完成操作，如图 4-123 所示。

图 4-123　单击"确定"按钮

4.8 知识拓展

　　作为一个视频制作人员，除了力求达到好的视频制作效果外，还需要掌握一定的技巧，比如，学会利用视频软件中的一些自带模板。会声会影2018中自带了一些"即时项目"，这些"即时项目"就是一些模板。即时项目功能一般用于非常简单直白的视频制作，如果对于视频质量要求不高，可以用已经制作好的项目模板，替换照片之后即可使用。利用影音快手能够很快地制作出一部简单精美的视频成品，深受大众喜爱。

4.9 拓展训练

素材文件：素材\第4章\拓展训练	效果文件：效果\第4章\拓展训练\拓展训练	在线视频：第4章\拓展训练.mp4

　　利用本章4.2节和4.6节介绍的相关知识，结合模板和提供的素材制作出视频，效果如图 4-124 所示。

图 4-124　最终效果

第 **5** 章

添加与制作影视素材

会声会影2018素材库中提供了各种类型的视频素材，用户可以直接从中取用。当素材库中的视频素材不能满足用户编辑视频的需求时，用户可以将常用的视频素材导入到素材库中。本章主要介绍在会声会影2018中添加视频素材的操作方法。这样用户就能够根据个人需求来添加视频素材。

5.1.1 实战——通过命令和按钮添加视频 **重点**

难　度：☆☆
素材文件：素材\第5章\5.1.1
效果文件：素材\第5章\5.1.1
在线视频：第5章\5.1.1实战——通过命令和按钮添加视频.mp4

在会声会影2018中，用户可以通过菜单栏中的"插入视频"命令来添加视频素材。下面介绍用"插入视频"命令和通过"导入媒体文件"按钮添加视频素材的方法。

01 进入会声会影 2018 编辑器，选择菜单栏"文件"|"将媒体文件插入到素材库"|"插入视频"选项，如图 5-1 所示。

图 5-1　单击"插入视频"命令

02 弹出"浏览视频"对话框，在其中选择所需视频素材（素材 \ 第 5 章 \5.1.1\ 水滴 .mov），如图 5-2 所示。

图 5-2　"浏览视频"对话框

03 单击"打开"按钮，即可将视频素材添加至素材库中，如图 5-3 所示。

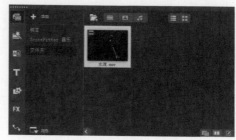

图 5-3　将视频素材添加至素材库中

04 将添加的视频素材拖曳至时间轴面板的视频轨中，如图 5-4 所示。

图 5-4　拖曳至视频轨中

05 单击"显示视频"按钮，即可显示素材库中的视频文件，如图 5-5 所示。

图 5-5　单击"显示视频"按钮

06 单击"导入媒体文件"按钮■，如图 5-6 所示。

07 弹出"浏览视频"对话框，在该对话框中选择所需的视频素材（素材 \ 第 5 章 \5.1.1\ 水滴 .mov），如图 5-7 所示。

图 5-6 单击"导入媒体文件"按钮

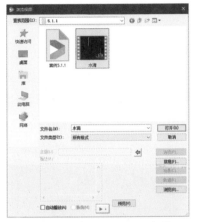

图 5-7 选择所需的视频素材

08 单击"打开"按钮，即可将所选择的素材添加到素材库中，如图 5-8 所示。

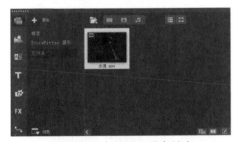

图 5-8 将素材添加到素材库

09 将素材库中添加的视频素材拖曳至时间轴面板的视频轨中，如图 5-9 所示。

图 5-9 拖曳至视频轨

10 单击导航面板中的"播放"按钮，预览添加的视频画面效果，如图 5-10 和图 5-11 所示。

图 5-10 预览效果（1）

图 5-11 预览效果（2）

会声会影预览窗口右上角各主要按钮含义如下。

● "媒体"按钮 ▣：单击该按钮，可显示媒体库中的视频素材、音频素材以及图像素材。

● "即时项目"按钮 ▣：单击该按钮，可显示媒体库中的可用模板文件。

● "转场"按钮 ▣：单击该按钮，可显示媒体库中的所有转场特效。

● "标题"按钮 T：单击该按钮，可显示媒体库中的所有标题效果。

● "图形"按钮 ▣：单击该按钮，可显示素材库中色彩、对象、边框以及 Flash 动画素材。

● "滤镜"按钮 FX：单击该按钮，可显示媒体库中的所有滤镜效果。

● "路径"按钮 ▣：单击该按钮，可显示媒体库中的所有运动效果。

> **提示**
>
> 在"浏览视频"对话框中，按住 Ctrl 键的同时，在需要添加的素材上单击，可选择多个不连续的视频素材；按住 Shift 键的同时，在第一个视频素材和最后一个视频素材上分别单击，即可选择两个视频素材之间的所有视频素材文件，然后单击"打开"按钮，即可导入多个素材。

5.1.2 实战——通过时间轴添加视频 重点

难　度：☆☆☆
素材文件：素材\第5章\5.1.2
效果文件：素材\第5章\5.1.2
在线视频：第5章\5.1.2实战——通过时间轴添加 　　　　视频.mp4

在会声会影2018中，用户还可以通过时间轴面板将需要的视频直接添加至视频轨或覆叠轨中。下面介绍通过时间轴添加视频的操作方法。

01 在会声会影2018时间轴面板中右键单击在弹出的快捷菜单中选择"插入视频"选项，如图5-12所示。

02 执行操作后，弹出"打开视频文件"对话框，在该对话框中选择所需的视频素材文件（素材\第5章\5.1.2\水流.mov），如图5-13所示。

图5-12 选择"插入视频"选项

图5-13 "打开视频文件"对话框

图5-12所示时间轴面板右键快捷菜单中各选项的含义如下。

● "插入视频"选项：可以插入外部视频文件到时间轴面板中。

● "插入照片"选项：可以插入外部照片文件到时间轴面板中。

● "插入音频"选项：可以在声音轨或音乐轨中插入背景音乐素材。

● "插入字幕"选项：可以插入外部的字母特效，字幕的格式为.lrc。

● "插入数字媒体"选项：可以将VCD光盘、DVD光盘或其他数字光盘中的媒体文件添加至时间轴面板中。

● "插入要应用时间流逝/频闪的照片"选项：可以将导入的照片应用"时间流逝/频闪"效果。

● "轨道管理器"选项：可以添加或删除轨道。

03 单击"打开"按钮，即可将所选择的视频素材添加到时间轴面板中，如图5-14所示。

图5-14 时间轴视图面板

04 单击导航面板中的"播放"按钮，即可预览添加的视频素材，预览效果如图5-15和图5-16所示。

图5-15 预览效果（1）

图5-16 预览效果（2）

5.1.3 实战——通过素材库添加视频

难　　度：☆☆☆
素材文件：素材\第5章\5.1.3
效果文件：素材\第5章\5.1.3
在线视频：第5章\5.1.3实战——通过素材库添加视频.mp4

在会声会影2018中，可以通过素材库添加视频素材。下面将具体介绍通过素材库添加视频的操作方法。

01 进入会声会影2018，单击"显示视频"按钮，可显示素材库中的视频文件。在素材库空白处右键单击，在弹出的快捷菜单中选择"插入媒体文件"选项，如图5-17所示。

02 弹出"浏览媒体文件"对话框，在对话框中选择所需视频素材（素材\第5章\5.1.3\人山人海.avi），如图5-18所示。

图5-17 选择"插入媒体文件"选项

图5-18 选择视频素材

03 单击"打开"按钮，即可将所选择的视频素材添加到素材库中，如图5-19所示。

04 将素材库中添加的视频素材拖曳到视频轨中，如图5-20所示。

图5-19 添加至素材库的素材

图5-20 视频轨中的素材

05 单击导航面板中的"播放"按钮，即可预览添加的视频素材，如图5-21和图5-22所示。

图5-21 预览效果（1）

图5-22 预览效果（2）

提示

在会声会影2018的素材库中，用户可以根据需要新建文件夹，并将不同类型的视频素材分别导入至不同的文件夹中。

5.2 添加图像素材

在会声会影2018中，用户可以将图像素材插入到所编辑的项目中，并可对单独的图像素材进行整合，制作成一个内容丰富的电子相册。在视频编辑的过程中，图像素材是最常用到的，珍藏光盘、电子相册和教学视频等都有利用到图像素材。本节将具体介绍如何添加图像素材。

5.2.1 实战——通过命令和按钮添加图像 重点

难　度：☆☆☆	
素材文件：素材\第5章\5.2.1	
效果文件：素材\第5章\5.2.1	
在线视频：第5章\5.2.1实战——通过命令和按钮添加图像.mp4	

当素材库中的图像素材无法满足用户需求时，用户可以将常用的图像素材添加至会声会影2018素材库中。在会声会影2018中，添加图像素材的方式有很多种，用户可以根据使用习惯选择添加素材的方式。下面介绍通过按钮和命令添加图像素材的操作方法。

01 进入会声会影2018编辑器中，单击"文件"|"将媒体文件插入到素材库"|"插入照片"命令，如图 5-23 所示。

图 5-23 菜单栏命令

02 弹出"浏览照片"对话框，在其中选择所需图像素材（第 5 章\5.2.1\花 .jpg），如图 5-24 所示。

图 5-24 "浏览照片"对话框

03 单击"打开"按钮，将所选择的图像添加至素材库中，如图 5-25 所示。

图 5-25 添加到素材库中的素材

04 将添加的图像素材拖曳至时间轴面板的视频轨中，如图 5-26 所示。

图 5-26 视频轨中的素材

05 单击导航面板中的"播放"按钮，即可预览添加的图像素材，预览效果如图 5-27 所示。

图 5-27 预览效果

提示

在会声会影 2018 中，单击"文件"|"将媒体文件插入到时间轴"命令，在弹出的子菜单中，单击"插入视频"命令，可以将视频直接插入到时间轴面板中；单击"插入照片"命令，可以将照片直接插入到时间轴面板中。

再次回到素材库，即可显示素材库中的照片文件，单击"导入媒体文件"按钮，如图5-28和图 5-29所示。

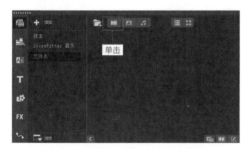

图 5-28 单击"显示照片"按钮

图 5-29 单击"导入媒体文件"按钮

06 弹出"浏览照片"对话框，在该对话框中选择所需的图像素材（第 5 章 \5.2.1\ 花 .jpg），如图 5-30 所示。

07 单击"打开"按钮，即可将所选择的图像素材添加到素材库中，如图 5-31 所示。

图 5-30 选择所需的图像素材

图 5-31 素材库中添加的素材

08 将素材库中添加的图像素材拖曳至时间轴面板的视频轨中，如图 5-32 所示。

图 5-32 视频轨中的素材

09 单击导航面板中的"播放"按钮，预览添加的图像画面效果，如图 5-33 所示。

图 5-33 预览效果

5.2.2 实战——通过时间轴添加图像 重点

难　度：☆☆☆	
素材文件：素材\第5章\5.2.2	
效果文件：素材\第5章\5.2.2	
在线视频：第5章\5.2.2实战——通过时间轴添加图像.mp4	

下面介绍在会声会影2018中，通过时间轴添加图像素材的操作方法。

01 在会声会影 2018 时间轴面板中右键单击，在弹出的快捷菜单中选择"插入照片"选项，如图 5-34 所示。

图 5-34 选择"插入照片"选项

02 执行操作后，弹出"浏览照片"对话框，在该对话框中选择所需的图像文件（素材 \ 第 5 章 \ 5.2.2\ 黄昏 .jpg），如图 5-35 所示。

图 5-35 选择所需的图像文件

03 单击"打开"按钮，即可将所选择的图像素材添加到时间轴面板中，如图 5-36 所示。

图 5-36 时间轴中的素材

04 单击导航面板中的"播放"按钮，即可预览添加的图像素材，预览效果如图 5-37 所示。

图 5-37 预览效果

5.2.3 实战——通过素材库添加图像

难　度：☆☆☆	
素材文件：素材\第5章\5.2.3	
效果文件：素材\第5章\5.2.3	
在线视频：第5章\5.2.3实战——通过素材库添加图像.mp4	

下面介绍在会声会影2018中，通过素材库添加图像素材的操作方法。

01 进入会声会影编辑器，单击"显示照片"按钮，可显示素材库中的视频文件，在素材库空白处右键单击，在弹出的快捷菜单中选择"插入媒体文件"选项，如图 5-38 所示。

02 弹出"浏览媒体文件"对话框，在对话框中选择所需的素材（素材 \ 第 5 章 \5.2.3\ 街道 .jpg），如图 5-39 所示。

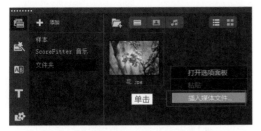

图 5-38 选择"插入媒体文件"选项

图 5-39 选择所需图像素材

03 单击"打开"按钮,即可将所选择的图像素材添加到素材库中,如图 5-40 所示。

04 将素材库中添加的图像素材拖曳到视频轨中,

如图 5-41 所示。

图 5-40 添加至素材库中的文件

图 5-41 视频轨中的素材

05 单击导航面板中的"播放"按钮,即可预览添加的图像素材,效果如图 5-42 所示。

图 5-42 预览效果

5.3 添加Flash动画素材

　　Flash动画素材能够起到很好的装饰效果,在专业的视频编辑中,Flash动画素材是经常用到的。在会声会影2018中,可以直接应用Flash动画素材。用户可以根据需要将素材导入到素材库中进行分类,或者应用到时间轴面板中,然后对Flash素材进行相应编辑操作,如调整Flash动画的大小和位置等属性。本节将具体介绍如何添加Flash动画素材。

5.3.1 实战——添加Flash动画素材 重点

难　　度:☆☆☆
素材文件:素材\第5章\5.3.1
效果文件:素材\第5章\5.3.1
在线视频:第5章\5.3.1实战——添加Flash动画素材.mp4

　　在会声会影2018中,用户可以应用相应的Flash动画素材至视频中,丰富视频内容。下面介绍添加Flash动画素材的操作方法。

01 进入会声会影 2018 编辑器,在素材库左侧单击"图形"按钮，如图 5-43 所示。

02 执行操作后,切换至"图形"素材库,单击素材库上方"画廊"按钮 ，在弹出的列表框中选择"Flash 动画"选项，如图 5-44 所示。

图 5-43 单击"图形"按钮

图 5-44 选择"Flash动画"选项

03 打开"Flash 动画"素材库，单击素材库上方的"添加"按钮 ，如图 5-45 所示。

图 5-45 单击"添加"按钮

04 弹出"浏览媒体文件"对话框，在该对话框中选择需要添加的 Flash 动画文件（第 5 章 \5.3.1\ 120.swf），如图 5-46 所示。

图 5-46 选择Flash动画文件

05 选择完毕后，单击"打开"按钮，将 Flash 动画素材插入到素材库中，如图 5-47 所示。

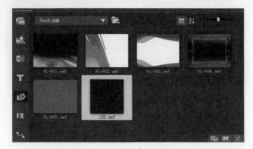

图 5-47 添加至素材库的素材

06 在素材库中选择 Flash 动画素材，按住鼠标左键并将其拖曳至时间轴面板中的合适位置，如图 5-48 所示。

图 5-48 时间轴中的素材

07 在导航面板中单击"播放"按钮，即可预览 Flash 动画素材效果，效果如图 5-49 和图 5-50 所示。

图 5-49 预览效果（1）

图 5-50 预览效果（2）

5.3.2 实战——调整Flash动画大小 难点

难　　度：☆☆☆
素材文件：素材\第5章\5.3.2
效果文件：素材\第5章\5.3.2
在线视频：第5章\5.3.2实战——调整Flash动画大小.mp4

　　将Flash动画添加到时间轴面板中后，用户可以根据需要调整Flash动画在视频画面中的显示大小，以使制作的视频更加美观。下面介绍调整Flash动画大小的操作方法。

01 进入会声会影编辑器，单击"文件"|"打开项目"命令，打开一个项目文件（素材\第5章\5.3.2\色彩板.VSP），如图5-51所示。

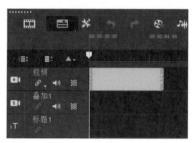

图5-51 视频轨素材

02 在预览窗口中，可以预览视频的画面效果，如图5-52所示。

图5-52 预览效果

03 在时间轴面板中右键单击，在弹出的快捷菜单中选择"插入视频"选项，如图5-53所示。

图5-53 选择"插入视频"选项

04 弹出"打开视频文件"对话框，在其中选择需要添加的Flash动画文件（素材\第5章\5.3.2\movie2.swf），如图5-54所示。

图5-54 选择Flash动画文件

05 单击"打开"按钮，即可在覆叠轨中插入Flash动画素材，调整区间与视频轨中"色彩板.jpg"素材相同，如图5-55所示。

图5-55 调整素材区间

06 在预览窗口中，可以预览插入的Flash动画效果，如图5-56所示。

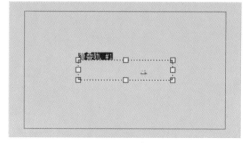

图5-56 预览效果

07 将Flash动画拖动到合适的位置，并调整大小，如图5-57所示。

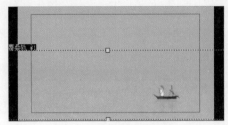

图 5-57 调整 Flash 动画

08 执行操作后，单击导航面板中的"播放"按钮，预览调整 Flash 动画大小后的视频效果，如图 5-58 和图 5-59 所示。

图 5-58 预览效果（1）

图 5-59 预览效果（2）

5.3.3 实战——删除 Flash 动画素材

难　　度：	☆☆☆
素材文件：	素材\第5章\5.3.3
效果文件：	素材\第5章\5.3.3
在线视频：	第5章\5.3.3实战——删除Flash动画素材.mp4

在会声会影 2018 中，如果用户对添加的 Flash 动画素材不满意，此时可以对动画素材进行删除操作。下面介绍删除 Flash 动画素材的方法。

01 进入会声会影编辑器，单击"文件"|"打开项目"命令，打开一个项目文件（素材\第5章\5.3.3\作品 .VSP），如图 5-60 所示。

图 5-60 项目文件素材

02 在导航面板中单击"播放"按钮，预览 Flash 动画效果，如图 5-61 和图 5-62 所示。

图 5-61 预览效果（1）

图 5-62 预览效果（2）

03 在时间轴面板中，选择需要删除的 Flash 动画，如图 5-63 所示。

图 5-63 选择需要删除的素材

04 在需要删除的 Flash 动画上右键单击，在弹出的快捷菜单中选择"删除"选项，如图 5-64 所示。

05 执行操作后，即可删除时间轴面板中的 Flash 动画文件，如图 5-65 所示。

图 5-64 选择"删除"选项

图 5-65 删除素材后

06 在预览窗口中，可以预览删除 Flash 动画后的视频效果，如图 5-66 所示。

图 5-66 预览效果

Flash动画文件的右键快捷菜单中部分选项含义如下。

● **打开选项面板**：可以打开 Flash 动画文件相对应的选项面板，在选项面板中可以设置动画文件的各种属性，包括淡入与淡出特效。

● **复制**：可以对选择的素材文件进行复制操作。

● **删除**：可以对选择的素材文件进行删除操作。

● **替换素材**：可以对选择的素材文件进行替换操作，可以替换为照片文件或视频文件。

● **复制属性**：复制素材文件现有的所有属性，包括大小、形状以及各种特效。

● **自定路径**：可以为选择的素材添加自定义运动效果，使画面更显动感特效。

● **字幕编辑器**：在打开的"字幕编辑器"窗口中，可以为素材创建字幕特效。

● **打开文件夹**：可以搜索文件夹素材在计算机中的具体位置，并打开相应文件夹。

● **属性**：可以查看素材的属性信息，包括文件名、区间长度以及帧率等属性。

5.4 添加装饰素材

在会声会影2018中，用户根据视频编辑的需要，还可以加载外部的对象素材和边框素材，以使制作的视频画面更具吸引力。本节主要介绍将装饰素材添加至项目中的操作方法，希望读者熟练掌握本节内容。

5.4.1 实战——加载外部对象素材 重点

难 度：☆☆☆
素材文件：素材\第5章\5.4.1
效果文件：素材\第5章\5.4.1
在线视频：第5章\5.4.1实战——加载外部对象素材.mp4

在会声会影2018中，用户可以通过"对象"素材库，加载外部的对象素材。下面介绍加载外部对象素材的操作方法。

01 进入会声会影编辑器，单击"文件"|"打开项目"命令，打开一个项目文件（素材\第5章\5.4.1\圣诞.VSP），如图 5-67 所示。

图 5-67 视频轨素材

02 在预览窗口中，可以预览打开的项目效果，如图 5-68 所示。

图 5-68 预览效果

03 在素材库中选择对象素材，按住鼠标左键并将其拖曳至时间轴面板中的合适位置，如图 5-69 所示。

图 5-69 添加素材

04 在预览窗口中，可以预览加载的外部对象素材，如图 5-70 所示。

图 5-70 调整素材

05 在预览窗口中，手动拖曳对象素材四周的控制柄，调整对象素材的大小和位置，效果如图 5-71 所示。

图 5-71 预览效果

5.4.2 实战——加载外部边框素材

难　　度：	☆☆☆
素材文件：	素材\第5章\5.4.2
效果文件：	素材\第5章
在线视频：	第5章\5.4.2实战——加载外部边框素材.mp4

在会声会影2018中，用户可以通过"边框"素材库，加载外部的边框素材。下面介绍加载外部对象素材的操作方法。

01 进入会声会影编辑器，单击"文件"|"打开项目"命令，打开一个项目文件（素材\第5章\5.4.2\梅花.VSP），如图 5-72 所示。

图 5-72 项目文件素材

02 在预览窗口中，可以预览打开的项目效果，如图 5-73 所示。

图 5-73 预览效果

03 在素材库中选择对象素材，按住鼠标左键并将其拖曳至时间轴面板中的合适位置，如图 5-74 所示。

图 5-74 添加素材

04 在预览窗口中，手动拖曳覆叠轨素材"外国孩子.jpg"四周的控制柄，调整素材的大小和位置，如图 5-75 所示。

图 5-75 调整素材

05 调整边框素材的大小，使其全屏显示在预览窗口中，效果如图 5-76 所示。

图 5-76 预览效果

5.5 添加其他素材

在会声会影 2018 素材库中，除了可以添加图像素材和视频素材之外，还可以添加很多其他的素材。本节主要介绍在会声会影 2018 中添加 png 素材、bmp 素材以及 gif 素材的操作方法。

5.5.1 实战——添加 png 图像文件 （重点）

难　　度：	☆☆☆
素材文件：	素材\第5章\5.5.1
效果文件：	素材\第5章\5.5.1
在线视频：	第5章\5.5.1实战——添加png图像文件.mp4

在会声会影 2018 中，还可以添加 png 格式的图像素材文件，用户可以根据编辑需要将png 格式素材添加至素材库中，并应用到所制作的视频作品中。

01 进入会声会影 2018，单击"文件"|"打开项目"命令，打开一个项目文件（素材\第 5 章\5.5.1\ 老师 .VSP），如图 5-77 所示。

图 5-77 项目文件素材

02 在预览窗口中，可以预览打开的项目效果，如图 5-78 所示。

图 5-78 预览效果

03 进入"媒体"素材库，单击"显示照片"按钮 ▣，如图 5-79 所示。

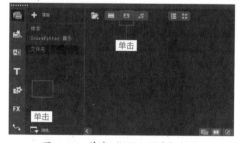

图 5-79 单击"显示照片"按钮

04 执行操作后，即可显示素材库中的图像文件，在素材库面板中的空白位置右键单击，在弹出的快捷菜单中选择"插入媒体文件"选项，如图5-80 所示。

图 5-80 选择"插入媒体文件"选项

05 弹出"浏览媒体文件"对话框,在其中选择需要插入的 png 图像素材(素材\第 5 章\5.5.1\架子.png),如图 5-81 所示。

图 5-81 选择图像素材

06 单击"打开"按钮,即可将 png 图像素材导入到素材库面板中,如图 5-82 所示。

图 5-82 导入到素材库

07 单击并按住鼠标左键,将图像素材拖曳至覆叠轨 1 中的开始位置,如图 5-83 所示。

图 5-83 插入至覆叠轨

08 在预览窗口中,可以预览添加的 png 图像效果,如图 5-84 所示。

图 5-84 预览效果

09 在预览窗口中,手动拖曳覆叠轨 1 周围的控制柄,调整素材的大小和位置,如图 5-85 所示。

图 5-85 调整素材

10 调整边框素材的大小,最终效果如图 5-86 所示。

图 5-86 预览效果

5.5.2 实战——添加bmp图像文件

难 度:	☆☆☆
素材文件:	素材\第5章\5.5.2
效果文件:	素材\第5章\5.5.2
在线视频:	第5章\5.5.2实战——添加bmp图像文件.mp4

bmp是Windows操作系统中的标准图像文件格式,用户可以在会声会影2018中添加这一类的图像文件。下面介绍添加bmp图像文件的操作方法。

01 进入会声会影编辑器,在时间轴面板中的空白位置上右键单击,在弹出的快捷菜单中选择"插入照片"选项,如图 5-87 所示。

02 执行操作后，弹出"浏览照片"对话框，在其中选择需要添加到 bmp 格式的图像文件（素材\第 5 章 \5.5.2\ 梦幻温馨 LOVE.bmp），如图5-88 所示。

图 5-87 选择"插入照片"选项

图 5-88 选择图像文件

03 单击"打开"按钮，即可将 bmp 图像素材导入到时间轴面板中，如图 5-89 所示。

图 5-89 添加的素材

04 在预览窗口中，可以预览添加的 bmp 图像画面，效果如图 5-90 所示。

图 5-90 预览效果

5.5.3 实战——添加gif素材文件

难　度：	☆☆☆
素材文件：	素材\第5章\5.5.3
效果文件：	素材\第5章\5.5.3
在线视频：	第5章\5.5.3实战——添加gif素材文件.mp4

gif素材分为静态gif和动画gif两种，文件扩展名为.gif，是一种压缩位图格式，支持透明背景图像，适用于多种操作系统中。下面介绍在会声会影2018中添加gif图像文件的操作方法。

01 在"媒体"素材库中，单击"导入媒体文件"按钮，如图 5-91 所示。

图 5-91 单击"导入媒体文件"按钮

02 弹出"浏览媒体文件"对话框，在其中选择需要导入的 gif 素材文件（素材 \ 第 5 章 \5.5.3\ 中秋快乐 .gif），如图 5-92 所示。

图 5-92 选择素材文件

03 单击"打开"按钮，即可将 gif 素材文件添加到素材库面板中，如图 5-93 所示。

图 5-93 素材库面板

04 在预览窗口中，可以预览 gif 素材的画面效果，如图 5-94 所示。

图 5-94 预览效果

在会声会影2018中，用户可以亲手制作色彩丰富的色块画面。色块画面常用于视频的过渡场景中，黑色与白色的色块常用来制作视频的淡入与淡出特效。本节主要介绍制作色块素材的操作方法，希望读者熟练掌握本节内容。

5.6.1 实战——用Corel颜色来制作色块 重点

难 度：☆☆☆
素材文件: 无
效果文件: 无
在线视频: 第5章\5.6.1实战——用Corel颜色来制作色块.mp4

在会声会影2018的"图形"素材库中，软件提供的色块素材颜色有限，如果其中的色块不能满足用户的需求，可以通过Corel颜色制作颜色色块。

01 在素材库的左侧，单击"图形"按钮 ，如图 5-95 所示。

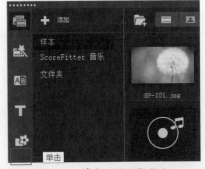

图 5-95 单击"图形"按钮

02 执行操作后，切换至"图形"素材库，单击素

材库上方"画廊"按钮 ，在弹出的列表框中选择"色彩"选项，如图 5-96 所示。

图 5-96 选择"色彩"选项

03 切换至"色彩"素材库，在上方单击"添加"按钮 ，如图 5-97 所示。

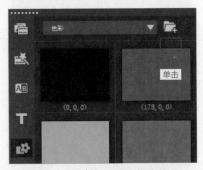

图 5-97 单击"添加"按钮

04 执行操作后，弹出"新建色彩素材"对话框，

如图 5-98 所示。

图 5-98 "新建色彩素材"对话框

05 单击"色彩"右侧的黑色色块，在弹出的颜色面板中选择"Corel 色彩选取器"选项，如图 5-99 所示。

图 5-99 选择"Corel色彩选取器"选项

"新建色彩素材"对话框中右侧三个数值框的含义如下。

● **红色**：在红色数值框中，输入相应的数值，可以设置红色的色阶参数。
● **绿色**：在绿色数值框中，输入相应的数值，可以设置绿色的色阶参数。
● **蓝色**：在蓝色数值框中，输入相应的数值，可以设置蓝色的色阶参数。

在以上的3个数值框中，输入相应的RGB参数值，也可以设置新建色彩的颜色，如图 5-100所示。

图 5-100 设置新建色彩的颜色

06 弹出"Corel 色彩选取器"对话框，如图 5-101 所示。

07 在对话框的下方，单击天蓝色色块，如图 5-102 所示，这时新建的色块为天蓝色。

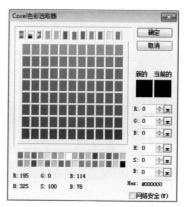

图 5-101 "Corel色彩选取器"对话框

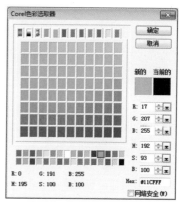

图 5-102 单击天蓝色色块

08 单击"确定"按钮，返回"新建色彩素材"对话框，此时"色彩"右侧的色块变为天蓝色，如图 5-103 所示。

09 单击"确定"按钮，即可在"色彩"素材库中新建天蓝色色块，如图 5-104 所示。

图 5-103 "新建色彩素材"对话框

图 5-104 新建天蓝色色块

10 将新建的天蓝色色块拖曳至时间轴面板的视频轨中，如图 5-105 所示。

图 5-105 视频轨素材

11 在预览窗口中，可以预览添加的色块画面，如图 5-106 所示。

图 5-106 预览效果

12 在色块素材上，用户还可以添加其他的对象素材，此时色块素材在视频制作中可以用作背景，效果如图 5-107 所示。

图 5-107 预览效果

5.6.2 实战——用Windows 颜色制作色块

难　度：	☆☆☆
素材文件：	素材\第5章\5.6.2
效果文件：	无
在线视频：	第5章\5.6.2实战——用Windows颜色制作色块.mp4

　　在会声会影2018中，用户还可以通过Windows "颜色"对话框来设置色块的颜色。下面介绍用Windows颜色制作色块的操作方法。

01 在素材库的左侧，单击"图形"按钮 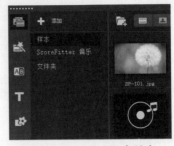，切换至"图形"素材库，如图 5-108 所示。

图 5-108 "图形"素材库

02 执行操作后，切换至"图形"素材库，单击素材库上方"画廊"按钮 ▼，在弹出的列表框中选择"色彩"选项，如图 5-109 所示。

图 5-109 选择"色彩"选项

03 切换至"色彩"素材库，在上方单击"添加"按钮 ■，如图 5-110 所示。

图 5-110 单击"添加"按钮

04 执行操作后，弹出"新建色彩素材"对话框，单击"色彩"右侧的黑色色块，在弹出的颜色面板中选择"Windows 色彩选取器"选项，如图 5-111 所示。

图 5-111 选择"Windows色彩选取器"选项

05 执行操作后，弹出"颜色"对话框，如图 5-112 所示。

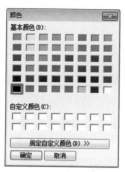

图 5-112 "颜色"对话框

06 在"基本颜色"选项区中，单击粉红色色块，如图 5-113 所示。

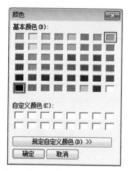

图 5-113 单击粉红色色块

07 单击"确定"按钮，返回"新建色彩素材"对话框，此时"色彩"右侧的色块变为粉红色，如图 5-114 所示。

图 5-114 "新建色彩素材"对话框

08 单击"确定"按钮，即可在"色彩"素材库中新建粉红色色块，如图 5-115 所示。

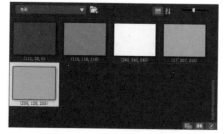

图 5-115 "色彩"素材库

09 将新建的粉红色色块拖曳至时间轴面板的视频轨中，添加粉红色色块，如图 5-116 所示。

图 5-116 视频轨素材

10 在预览窗口中，可以预览添加的色块画面，如图 5-117 所示。

图 5-117 预览效果

相关链接

可以用色块制作黑屏过渡效果，只需在黑色色块素材和视频素材之间加入"交错淡化"转场即可。在故事板中插入素材图像后（风景.jpg），在"色彩"素材库中选择黑色素材，并将其拖曳至故事板中需要单色过渡的位置。切换至"转场"选项卡，在"筛选"素材库中选择"交错淡化"转场效果，然后将其拖曳至两个素材之间。

11 制作完成后，单击导航面板的"播放修整后的素材"按钮，即可预览添加的黑屏过渡效果，如图 5-118 和图 5-119 所示。

图 5-118 预览效果（1）

图 5-119 预览效果（2）

5.6.3 实战——更改色块的颜色

难　　度：☆☆☆
素材文件：素材章\第5章章\5.6.3
效果文件：素材章\第5章章\5.6.3
在线视频：第5章\5.6.3实战——更改色块的颜色.mp4

将色块素材添加到视频轨中后，如果对色块的颜色不满意，可以更改色块的颜色。下面介绍更改色块颜色的操作方法。

01 进入会声会影编辑器，单击"文件"|"打开项目"命令，打开一个项目文件（素材\第5章\5.6.3\奇观.VSP），如图5-120所示。

图 5-120 项目文件素材

02 在预览窗口中，可以预览色块与视频叠加的效果，如图5-121所示。

图 5-121 预览效果

03 在时间轴面板的视频轨中，选择需要更改颜色的色块素材，如图5-122所示。

04 单击"选项"按钮，展开"色彩"选项面板，单击"色彩选取器"左侧的颜色色块，如图5-123所示。

图 5-122 选择色块素材

图 5-123 单击"颜色色块

05 执行操作后，弹出颜色面板，在其中选择"Corel色彩选取器"选项，如图5-124所示。

图 5-124 选择"Corel色彩选取器"选项

06 弹出"Corel 色彩选取器"对话框，在下方的颜色框中选择淡绿色色块，如图5-125所示。

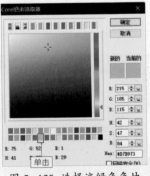

图 5-125 选择淡绿色色块

07 设置完成后，单击"确定"按钮，即可更改色块素材的颜色，如图 5-126 所示。

图 5-126 替换后的色块

08 单击导航面板中的"播放"按钮，预览更改色块颜色后的视频画面效果，如图 5-127 所示。

图 5-127 预览效果

5.7 知识拓展

　　会声会影2018中能够使用的素材格式非常多，一般不需要考虑格式不兼容的情况，不过如有格式不兼容的情况，可以通过"格式工厂"将其转换成能够用的格式之后再进行使用。想要制作出好的视频效果，必须多用一些素材和色彩板，且需要考虑到各个素材之间的协调性。如果图片不协调，反而会使视频效果大打折扣的。

5.8 拓展训练

素材文件：素材\第5章\拓展训练	效果文件：效果\第5章\拓展训练	在线视频：第5章\拓展训练.mp4

　　根据本章5.4.2节的知识，通过加载外部边框，运用模板和提供的素材制作出视频，效果如图 5-128所示。

图 5-128 最终效果

第 **6** 章

设置与编辑项目文件

在会声会影2018中，项目文件是指编辑视频时输出和输入的文件，比如素材和库文件，这些能够输入也能够输出。为了方便编辑视频，可以通过设置参数来设置与编辑项目文件，这样更利于编辑视频时的格式统一，增加视频的工整性。本章将介绍如何设置与编辑项目文件。

本章重点

设置素材文件属性

编辑画面章节点

编辑画面提示点

6.1 设置素材文件

会声会影2018中包括了一个功能强大的素材库，用户可以自行创建素材库，还可以将照片、视频或音频拖曳至所创建的素材库中。在会声会影2018素材库中，包含了各种媒体素材、标题以及特效等，用户可根据需要选择相应的素材进行编辑操作。本节主要介绍在会声会影2018中编辑素材库中媒体素材的操作方法。

6.1.1 掌握素材的排序方式

1. 按名称排序

按名称排序是指按照素材的名称排列媒体素材。单击素材库上方的"对素材库中的素材排序"按钮，在弹出的列表框中选择"按名称排序"选项，如图 6-1所示。执行上述操作后，素材库中的素材即可按照素材的名称进行排序，如图 6-2所示。

图 6-1 选择"按名称排序"选项

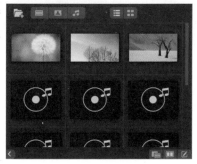

图 6-2 排序后的素材库

2. 按类型排序

按类型排序是指按照素材的类型排列媒体素材。单击素材库上方的"对素材库中的素材排序"按钮，在弹出的列表框中选择"按类型排序"选项，如图 6-3所示。执行上述操作后，素材库中的素材将按照素材的类型进行排序，如图 6-4所示。

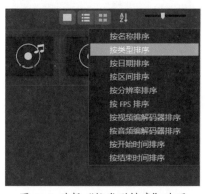

图 6-3 选择"按类型排序"选项

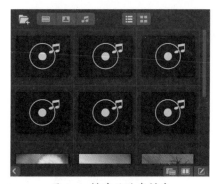

图 6-4 排序后的素材库

3. 按日期排序

按日期排序是指按照素材的使用与编辑日期排列媒体素材。单击素材库上方的"对素材库中的素材排序"按钮，在弹出的列表框中选择"按日期排序"选项，如图 6-5所示。执行上述操作后，素材库中的素材将按照素材的使用日期进行排序，如图 6-6 所示。

图 6-5 选择"按日期排序"选项

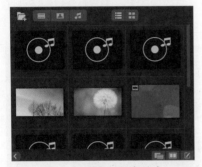

图 6-6 排序后的素材库

6.1.2 设置缩略图的大小

在会声会影 2018 素材库中，会显示素材的缩略图，当用户觉得缩略图大小不合适时，可以根据自己的习惯设置缩略图的大小。首先，将鼠标指针移至素材库右上方的滑块上，如图 6-7 所示。

图 6-7 将鼠标指针移至滑块上

按住鼠标左键并将其向右拖曳，可将缩略图放大，如图 6-8 所示；将滑块往左拖曳，可将缩略图缩小，如图 6-9 所示。

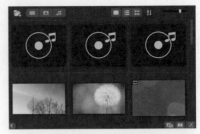

图 6-8 放大缩略图

图 6-9 缩小缩略图

6.1.3 更改素材文件名称

为了便于辨认与管理，可以将素材库中的素材文件进行重命名操作。

在会声会影编辑器的素材库中，选择需要进行重命名的素材，然后在该素材名称处单击，此时素材的名称文本框中出现闪烁光标，如图 6-10 所示。

图 6-10 闪烁光标

提示

用户在素材库中更改素材的名称后，该名称仅在会声会影中被修改，而素材源文件的名称依然是修改之前的名称。

删除素材本身的名称，输入新的名称"闪亮舞台"，如图 6-11 所示。然后按回车键（Enter）确定，即可重命名该素材文件。

图 6-11 重命名文件

6.1.4 删除不需要的素材

当素材库中的素材过多，或者不再需要某些素材时，用户便可以将此类素材进行删除操作，以提高工作效率，使素材库保持整洁。下面介绍删除素材文件的操作方法。

1. 通过命令删除素材文件

在会声会影2018中，用户可以通过"删除"命令，删除素材库中不需要的素材文件。首先，在素材库中选择需要删除的素材文件，如图 6-12所示，在菜单栏中单击"编辑"|"删除"命令，如图6-13所示。

图 6-12 选择需要删除的素材文件

图 6-13 单击"删除"命令

执行操作后，弹出"Corel VideoStudio"提示信息框，提示用户是否删除此缩略图，如图6-14所示。单击"是"按钮，即可删除选择

的素材文件，此时该素材文件将不显示在素材库中，如图 6-15所示。

图 6-14 提示信息框

图 6-15 素材库

2. 通过选项删除素材文件

在会声会影2018中，用户可以通过"删除"选项，删除素材库中不需要的素材文件。首先，在素材库中选择需要删除的素材文件，如图 6-16所示。在选择的素材文件上右键单击，在弹出的快捷菜单中选择"删除"选项，如图6-17所示。

图 6-16 选择需要删除的素材文件

图 6-17 选择"删除"选项

执行操作后，弹出提示信息框，提示用户是否删除此缩略图，如图 6-18 所示。单击"是"按钮，即可删除选择的素材文件，此时该素材文件将不显示在素材库中，如图 6-19 所示。

图 6-18 提示信息框

图 6-19 素材库

6.1.5 实战——创建库项目 重点

难　　度:	☆☆
素材文件:	素材\第6章\6.1.5
效果文件:	无
在线视频:	第6章\6.1.5实战——创建库项目.mp4

在会声会影2018中，用户可以为素材创建库项目，将不同的素材放在不同的素材库中，这可以更加方便地管理和使用素材。

01 进入会声会影编辑器，单击媒体库下方的"显示库导航面板"按钮 ，如图 6-20 所示。

02 打开库导航面板，单击面板上方的"添加"按钮 ，如图 6-21 所示。

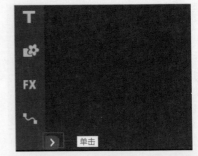

图 6-20 单击"显示库导航面板"按钮

图 6-21 单击"添加"按钮

03 执行上述操作后，即可新建一个文件夹，然后将文件夹进行重命名操作，如图 6-22 所示。

04 用户可以在该文件夹中加载所需的素材，如图 6-23 所示。

图 6-22 进行重命名操作

图 6-23 加载所需的素材

6.2 导出与导入库文件

在会声会影2018中，用户可以根据需要对库文件进行导入、导出以及重置操作，以使库文件在操作上更加符合用户的需求。下面介绍管理库文件的操作方法。

6.2.1 导入库文件

在会声会影2018中，用户还可以将外部库文件导入到素材库中进行使用，对于一些特殊的视频操作，导入库文件功能十分有用。下面介绍导入库文件的操作方法。

进入会声会影编辑器，在菜单栏中单击"设置"|"素材库管理器"|"导入库"命令，如图6-24所示。

图 6-24 单击"导入库"命令

执行操作后，弹出"浏览文件夹"对话框，在其中选择需要导入库的文件对象，如图6-25所示。

图 6-25 选择文件对象

单击"确定"按钮，弹出提示信息框，提示用户媒体库已导入，如图6-26所示。单击

"确定"按钮，即可导入媒体库文件。

图 6-26 提示信息框

6.2.2 重置库文件

在会声会影2018中，用户还可以对库文件进行重置操作。在菜单栏中单击"设置"|"素材库管理"|"重置库"命令，如图6-27所示。执行操作后，弹出提示信息框，提示用户是否确定要重置媒体库，如图6-28所示。

图 6-27 单击"重置库"命令

图 6-28 提示信息框

单击"确定"按钮，即可重置会声会影2018中的媒体库文件。当用户重置媒体库文件后，之前所做的媒体库操作均已无效。

6.2.3 实战——导出库文件 重点

难　度：	☆☆
素材文件：	无
效果文件：	无
在线视频：	第6章\6.2.3实战——导出库文件.mp4

在会声会影2018中，用户可以将素材库中的文件进行导出操作。下面介绍导出库文件的操作方法。

01 在菜单栏中，单击"设置"|"素材库管理器"|"导出库"命令，如图 6-29 所示。

图 6-29　单击"导出库"命令

02 执行操作后，弹出"浏览文件夹"对话框，在其中选择需要导出库的文件夹位置，如图 6-30 所示。

03 设置完成后，单击"确定"按钮，弹出提示信息框，提示用户媒体库已导出，如图 6-31 所示。单击"确定"按钮，即可导出媒体库文件。

图 6-30　选择文件夹位置

04 在计算机中的相应文件夹中，可以查看导出的媒体库文件，如图 6-32 所示。

图 6-31　提示信息框

图 6-32　媒体库文件

6.3　设置素材的显示模式

在会声会影2018中应用图像素材时，用户可以设置素材重新采样比例，如调到项目大小或保持宽高比等采样比例。还可以根据自己的需要将时间轴面板中的素材缩略图设置为不同的显示模式，如仅缩略图显示模式、仅文件名显示模式以及缩略图和文件名显示模式。

6.3.1 实战——调整到屏幕大小和默认大小 重点

难　度：	☆☆
素材文件：	素材\第6章\6.3.1
效果文件：	素材\第6章\6.3.1
在线视频：	第6章\6.3.1实战——调整到屏幕大小和默认大小.mp4

在会声会影2018中，用户没必要麻烦地将图像一点点拉大，可以通过选择"调整到屏幕大小"和"默认大小"选项来调节图像。下面介绍调整到屏幕大小的具体操作方法。

01 进入会声会影编辑器，在时间轴面板的覆叠轨1中插入一幅图像素材（素材 \ 第 6 章 \6.3.1\ 瀑布 .jpg），如图 6-33 所示。

图 6-33 视频轨素材

02 在预览窗口中预览图像素材效果，如图 6-34 所示。

图 6-34 预览效果

03 单击"选项"按钮，弹出"效果"选项面板，在该选项面板中单击"对齐选项"按钮，在弹出的列表框中选择"调整到屏幕大小"选项，如图 6-35 所示。

图 6-35 选择"调到屏幕大小"选项

04 执行上述操作后，即可将图像素材调整到屏幕大小，如图 6-36 所示。会声会影将会更改素材的宽高比，从而覆盖预览窗口的背景色，只显示素材。

图 6-36 预览效果

05 单击"选项"按钮，弹出"效果"选项面板，在该选项面板中单击"对齐选项"按钮，在弹出的列表框中选择"默认大小"选项，如图 6-37 所示。

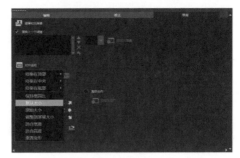

图 6-37 选择"默认大小"选项

06 执行上述操作后，即可将图像素材设置为保持宽高比，预览效果如图 6-38 所示。

图 6-38 预览效果

6.3.2 仅缩略图显示

在会声会影2018中，还可以通过选项修改显示模式，如图 6-39所示。将文件显示模式切换为"仅略图"，能够让用户拥有更大的发挥空间，具体效果如图 6-40所示。

图 6-39 选择"仅略图"选项

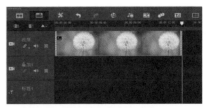

图 6-40 仅缩略图显示模式

6.3.3 仅文件名显示

在会声会影2018中，还可以通过选项修改显示模式，如图 6-41所示。将文件显示模式切换为"仅文件名"，能够让用户拥有更大的发挥空间，具体效果如图 6-42所示。

图 6-41 选择"仅文件名"选项

图 6-42 仅文件名显示模式

6.3.4 设置缩略图和文件名显示模式

在会声会影2018中，还可以通过选项修改显示模式，如图 6-43所示。将文件显示模式切换为"略图和文件名"，能够让用户拥有更大的发挥空间，具体效果如图 6-44所示。

图 6-43 选择"略图和文件名"选项

图 6-44 缩略图和文件名显示模式

6.4 编辑画面章节点

在会声会影2018中制作视频画面时，可以将视频分为多个不同的章节，只需在相应的视频位置添加章节点，即可按章节将视频画面分开。本节主要介绍编辑素材章节点的操作方法，希望读者熟练掌握。

6.4.1 删除画面章节点

1. 通过对话框删除章节点

在会声会影2018中，用户可以通过"章节点管理器"对话框删除不需要的章节点。首先，单击"设置"|"章节点管理器"命令，弹出"章节点管理器"对话框，在其中选择需要删除的章节点，再单击右侧的"删除"按钮，如图 6-45所示。执行操作后，即可删除选择的章节点，如图 6-46所示。

图 6-45 单击"删除"按钮

图 6-46 "章节点管理器"对话框

2. 通过鼠标拖曳删除章节点

用户还可以在时间轴面板上方，通过拖曳章节点的方式来删除章节点。在视频轨上方，选择相应的章节点，如图 6-47所示。

图 6-47 选择章节点

单击并按住鼠标左键，将其向轨道的外侧拖曳，如图 6-48所示，即可删除相应的章节点。

图 6-48 删除章节点

6.4.2 更改章节点名称

如果章节点的名称不符合用户的视频要求，可以更改章节点的名称。

打开"章节点管理器"对话框，在其中选择需要重命名的章节点选项，单击右侧的"重命名"按钮，如图 6-49所示。在弹出的"重命名章节点"对话框中，选择一种合适的输入法，重新在"名称"右侧的文本框中输入章节点的名称，如图 6-50所示。

图 6-49 单击"重命名"按钮

图 6-50 输入章节点的名称

输入完成后，单击"确定"按钮，返回"章节点管理器"对话框，在其中可以查看更改名称后的章节点信息，如图 6-51所示。

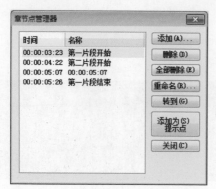

图 6-51 "章节点管理器"对话框

6.4.3 实战——添加画面章节点 重点

难　　度: ☆☆☆
素材文件: 素材\第6章\6.4.3
效果文件: 素材\第6章\6.4.3
在线视频: 第6章\6.4.3实战——添加画面章节点.mp4

在会声会影2018中，用户可以通过"章节点管理器"对话框来添加项目中的章节点。下面介绍添加项目章节点的操作方法。

01 进入会声会影编辑器，在时间轴面板的视频轨中插入一幅图像素材（素材\第6章\6.4.3\花.jpg），如图6-52所示。

02 在预览窗口中预览图像素材效果，如图6-53所示。

图 6-52 视频轨素材

图 6-53 预览效果

03 在菜单栏中，单击"设置"|"章节点管理器"命令，如图6-54所示。

图 6-54 单击"章节点管理器"命令

04 执行操作后，弹出"章节点管理器"对话框，如图6-55所示。

图 6-55 "章节点管理器"对话框

05 在对话框中，单击"添加"按钮，在弹出的"添加章节点"对话框中，设置"名称"为"片段一"，如图6-56所示。

图 6-56 设置"名称"为"片段一"

06 在下方"时间码"数值框中，输入00:00:02:00，设置时间码信息，如图6-57所示。

图 6-57 设置时间码信息

07 单击"确定"按钮，返回"章节点管理器"对

话框，其中显示了刚添加的章节点信息，如图
6-58 所示。

图 6-58 "章节点管理器"对话框

图 6-59 添加3个章节点

08 用相同方法，在"章节点管理器"对话框中，再添加 3 个章节点，如图 6-59 所示。

09 设置完成后，单击"关闭"按钮，退出"章节点管理器"对话框。在时间轴面板的视频上方，将显示添加的 4 个章节点，以绿色三角形状表示，如图 6-60 所示。

图 6-60 4个章节点

6.5 编辑画面提示点

在会声会影2018中，用户可以根据需要在项目文件中添加提示点。提示点主要用来提示用户视频片段的时间码位置。与章节点不同的是，提示点在时间轴面板上方没有任何标记。本节主要介绍编辑素材提示点的操作方法。

6.5.1 实战——添加画面提示点 重点

难　　度：	☆☆☆
素材文件：	素材\第6章\6.5.1
效果文件：	素材\第6章\6.5.1
在线视频：	第6章\6.5.1实战——添加画面提示点.mp4

在会声会影2018中，用户可以通过"提示点管理器"对话框来添加项目中的提示点。下面介绍添加画面提示点的操作方法。

01 进入会声会影编辑器，单击"文件"|"打开项目"命令，打开一个项目文件（素材 \ 第 6 章 \6.5.1\ 白花 .VSP），如图 6-61 所示。

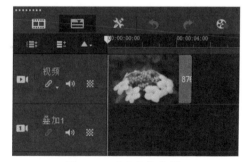

图 6-61 项目文件素材

02 在预览窗口中，可以预览素材的画面效果，如图 6-62 所示。

03 在菜单栏中，单击"设置"|"提示点管理器"命令，如图 6-63 所示。

图 6-62 预览效果

图 6-63 单击"提示点管理器"命令

04 执行操作后,弹出"提示点管理器"对话框,如图 6-64 所示。

图 6-64 "提示点管理器"对话框

05 在对话框中,单击"添加"按钮,如图 6-65 所示。

图 6-65 单击"添加"按钮

06 弹出"添加提示点"对话框,在其中设置"名称"为"画面 1",如图 6-66 所示。

图 6-66 设置"名称"为"画面 1"

07 在下方"时间码"数值中,输入 00:00: 02:00,设置时间码信息,如图 6-67 所示。

图 6-67 设置时间码信息

08 单击"确定"按钮,返回"提示点管理器"对话框,其中显示了刚添加的提示点信息,如图 6-68 所示。

图 6-68 "提示点管理器"对话框

09 用同样的方法,在"提示点管理器"对话框中,再添加两个提示点,如图 6-69 所示。完成提示点的添加操作,单击"关闭"按钮,完成设置。

图 6-69 "提示点管理器"对话框

6.5.2 删除画面提示点

在会声会影2018中,用户还可以根据需要删除不需要的视频提示点。首先,打开"提示点管理器"对话框,在其中选择需要删除的提示点对象,再单击右侧的"删除"按钮,如图 6-70所示。执行操作后,即可删除不需要的提示点,如图 6-71所示。

图 6-70 单击"删除"按钮

图 6-71 "提示点管理器"对话框

在"提示点管理器"对话框中，单击"全部删除"按钮，如图 6-72所示。执行操作后，即可删除"提示点管理器"对话框中的所有提示点对象，如图 6-73所示。

图 6-72 单击"全部删除"按钮

图 6-73 "提示点管理器"对话框

6.5.3 更改提示点名称

打开"提示点管理器"对话框，在其中选择需要重命名的提示点选项，单击右侧的"重命名"按钮，如图 6-74所示。在弹出的"重命名提示点"对话框中，选择一种合适的输入法，重新在"名称"右侧的文本框中输入提示点的名称，如图 6-75所示。

图 6-74 单击"重命名"按钮

图 6-75 输入提示点的名称

输入完成后，单击"确定"按钮，返回"提示点管理器"对话框，在其中可以查看更改名称后的提示点信息，如图 6-76所示。

图 6-76 "提示点管理器"对话框

6.6 应用智能代理管理器

在会声会影2018中，所谓的智能代理，是指通过创建智能代理，用创建的低解析度视频替代原来的高解析度视频，进行视频制作。本节主要介绍使用素材智能代理管理器的操作方法，希望读者熟练掌握本节内容。

6.6.1 启用智能代理

会声会影2018中，为视频素材启用智能代理的操作非常简单，用户只需要在菜单栏中，单击"设置"|"智能代理管理器"|"启用 智能代理"命令，如图6-77所示。执行操作后，即可为视频素材启用智能代理功能。

图 6-77 单击"启用 智能代理"命令

6.6.2 创建智能代理文件

当用户在会声会影2018中启用智能代理功能后，接下来即可为相应的视频创建智能代理文件。"创建智能代理文件"对话框如图6-78所示。

图 6-78 "创建智能代理文件"对话框

6.6.3 设置智能代理选项

在会声会影2018中，为视频创建智能代理文件后，接下来可以设置智能代理选项，以使制作的视频更符合用户的需求。

设置智能代理选项的方法很简单，首先在菜单栏中单击"设置"|"智能代理管理器"|"设置"命令，如图6-79所示。

执行操作后，弹出"参数选择"对话框，在"智能代理"选项区中，用户可以根据需要设置智能代理各选项，包括视频被创建代理后的尺寸，以及代理文件夹的位置等属性，如图6-80所示。

图 6-79 执行命令

图 6-80 参数选择"对话框

6.7 知识拓展

会声会影2018中拥有非常多能够方便用户操作的快捷设置，本章讲解的内容并不是全部，还有很多的内容等待着用户自己探索使用。作为一个有水平的视频制作者，必须善用章节点和提示点，因为视频效果越好的素材也就越多，需要记得的地方也就很多，容易搞混。用章节点和提示点来帮助用户进行视频制作，有助于快速制作出高质量的视频效果。

6.8 拓展训练

素材文件：素材\第6章\拓展训练　　效果文件：效果\第6章\拓展训练　　在线视频：第6章\拓展训练.mp4

根据本章所学知识，修改素材的显示大小，使其匹配16:9的电影分辨率比例，同时上下侧带有黑边效果，效果如图 6-81所示。

图 6-81 最终效果

第**3**篇

提高篇

第**7**章

制作视频文件

会声会影2018是一款功能强大且容易操作的视频编辑软件，利用会声会影2018中的"绘图创建器"或定格动画来制作视频文件，可以制作出符合用户需求的视频文件，制作的视频更具个性且更加美观。本章将具体介绍如何使用"绘图创建器"和定格动画工具。

本章重点

设置画笔属性

应用绘图创建器

掌握静态和动态绘图

录制视频画面

7.1 制作定格动画特效

在会声会影2018中，用户通过"定格动画"功能，可以将多张静态照片制作成动态视频。本章主要介绍制作与绘制视频画面的方法，而本节则主要介绍定格动画界面以及用照片制作定格动画等内容。

7.1.1 了解定格动画界面

在会声会影2018工作界面中，可以从数码相机中导入照片，或者从DV中捕获所需要的视频，然后使用定格动画这个功能，使渐次变化的图像生动地表现在画面上，产生栩栩如生的动画效果。定格动画通过逐格地拍摄对象然后使之连续放映，从而产生仿佛活了一般的人物或你能想象到的任何奇异角色。很多经典的动画片、木偶电影、剪纸电影都采用了这种技术，有兴趣的用户不妨试一试。图7-1所示为会声会影2018的"定格动画"窗口。

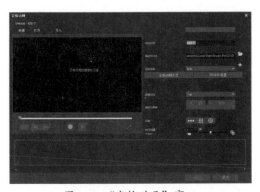

图 7-1 "定格动画"窗口

"定格动画"窗口中的各主要选项的含义如下。

● "项目名称"文本框：在该文本框中，用户可以为制作的定格动画设置名称。

● "捕获文件夹"选项：单击该选项右侧的"捕获文件夹"按钮，在弹出的对话框中可以设置捕获文件的保存位置。

● 保存到库：选择"样本"或"新建文件夹"来保存影片。

● 图像区间：每张图像的播放区间，以帧为单位。

● 捕获分辨率：分辨率决定了影片的画面大小及清晰度，用户可以选择设置。

7.1.2 实战——用照片制作定格动画 <难点>

难　度：☆☆☆☆
素材文件：素材\第7章\7.1.2
效果文件：无
在线视频：第7章\7.1.2实战——用照片制作定格动画.mp4

在会声会影2018中，用户可以用图像素材来制作定格动画，定格动画能够直接用于视频编辑。下面将介绍用照片制作定格动画的具体步骤。

01 进入会声会影2018，在工作界面的上方单击"捕获"标签，如图7-2所示。

02 进入"捕获"步骤面板，单击"定格动画"按钮，如图7-3所示。

图 7-2 单击"捕获"标签

图 7-3 单击"定格动画"按钮

03 执行操作后，即可打开"定格动画"窗口，如图 7-4 所示。

图 7-4 "定格动画"窗口

04 在"定格动画"窗口中，单击上方的"导入"按钮，如图 7-5 所示。

图 7-5 单击"导入"按钮

05 弹出"导入图像"对话框，在其中选择需要制作定格动画的照片素材，如图 7-6 所示。

图 7-6 "导入图像"对话框

06 单击"打开"按钮，即可将选择的照片素材导入到"定格动画"窗口中，如图 7-7 所示。

07 导入照片素材后，在预览窗口的下方单击"播放"按钮 ▶，如图 7-8 所示。

图 7-7 "定格动画"窗口

图 7-8 单击"播放"按钮

08 单击"图像区间"右侧的下拉按钮，在弹出的列表框中选择"15 帧"选项，如图 7-9 所示。

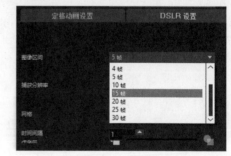

图 7-9 选择"15 帧"选项

09 开始播放定格动画画面，在预览窗口中可以预览视频画面效果，如图 7-10 和图 7-11 所示。

图 7-10 预览效果

图 7-11 预览效果

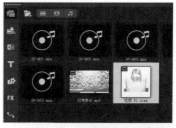

图 7-12 定格动画文件

10 依次单击"保存"和"退出"按钮，退出"定格动画"窗口，此时在素材库中显示了刚创建的定格动画文件，如图 7-12 所示。

11 将素材库中创建的定格动画文件拖曳至时间轴面板的视频轨中，应用定格动画，如图 7-13 所示。

图 7-13 视频轨中的素材

7.2 设置画笔的属性

画笔主要用于绘制图形、手绘图涂鸦，而且还能将绘制的图形转换为静态图像或动态视频效果。本节将介绍设置画笔属性的相关操作方法。

7.2.1 启动绘图创建器

在会声会影2018中使用绘图创建器绘制图形前，首先要启动"绘图创建器"窗口。

启动"绘图创建器"窗口的操作方法很简单，用户只需在菜单栏上单击"工具"|"绘图创建器"命令，如图 7-14所示。执行操作后，即可进入"绘图创建器"窗口，如图 7-15所示。

图 7-15 "绘图创建器"窗口

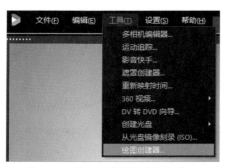

图 7-14 单击"绘图创建器"命令

7.2.2 调整画笔笔刷宽度

在"绘图创建器"窗口中，用户如果对现有笔刷的宽度不满意，可以用鼠标拖曳的方法进行设置。进入"绘图创建器"窗口，将鼠标指针移至"笔刷宽度"滑块上，鼠标指针呈手形，如图 7-16所示。按住鼠标左键的同时将其拖曳至合适的位置后，释放鼠标左键，即可设置笔刷的宽度，如图 7-17所示。

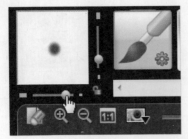

图 7-16 将鼠标指针移至"笔刷宽度"滑块上

图 7-17 拖曳鼠标指针至合适的位置

图 7-18和图 7-19所示为笔刷宽度设置前后的图像画面对比效果。

图 7-18 设置前

图 7-19 设置后

7.2.3 调整画笔笔刷高度

在会声会影2018中，用户不仅可以设置笔刷的宽度，同样可以自由设置笔刷的高度。

进入"绘图创建器"窗口，将鼠标指针移至"笔刷高度"滑块上，鼠标指针呈手形，如图 7-20所示。按住鼠标左键的同时将其拖曳至

合适的位置后，释放鼠标左键，即可设置笔刷的高度，如图 7-21所示。

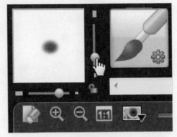

图 7-20 将鼠标指针移至"笔刷高度"滑块上

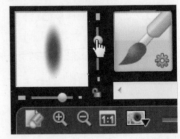

图 7-21 拖曳鼠标指针至合适的位置

提示

向上拖曳"笔刷高度"滑块，可以增大笔刷的高度；向下拖曳"笔刷高度"滑块，可以缩小笔刷的高度。在"绘图创建器"窗口中，按住 Shift 键的同时，拖曳"笔刷宽度"或"笔刷高度"滑块，即可同时调节笔刷的宽度和高度，如图 7-22 和图 7-23所示，使笔刷等比例放大或缩小。

图 7-22 同时缩放（1）

图 7-23 同时缩放（2）

7.2.4 设置画笔笔刷颜色

在会声会影2018中，用户如果需要更换画笔的颜色，只需在"色彩选取器"中进行选择即可。进入"绘图创建器"窗口，单击"色彩选取器"色块，如图7-24所示。

图 7-24 单击"色彩选取器"色块

在弹出的颜色面板中选择相应选项，如图7-25所示，执行操作后，即可更改画笔的颜色。在颜色面板中，还可以选择"Corel色彩选取器"选项，在弹出的对话框中更细致地设置笔刷颜色。

图 7-25 颜色面板

图 7-26和图 7-27所示为设置笔刷颜色后的视频画面前后对比效果。

图 7-26 颜色设置为"绿色"

图 7-27 颜色设置为"天蓝色"

在"色彩选取器"的右侧，有一个颜色渐变条，单击颜色渐变条右侧的"色彩选取工具"按钮 ，然后将鼠标指针移至颜色渐变条

上，此时鼠标指针呈吸管形状。在相应的颜色位置上单击，即可吸取需要的颜色，改变"色彩选取器"色块的颜色，如图 7-28所示。

图 7-28 吸取粉红色

7.2.5 设置笔刷为纹理样式

在会声会影2018中，在"纹理选项"下拉列表框中包括30多种纹理可供用户使用。下面介绍设置画笔纹理的方法。设置画笔纹理的操作很简单，首先进入"绘图创建器"窗口，单击"纹理选项"色块 ，如图7-29所示。

图 7-29 单击"纹理选项"色块

执行操作后，弹出"纹理选项"对话框，在"纹理选项"下拉列表框中选择"纹理10"选项，如图 7-30所示。

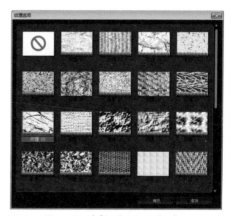

图 7-30 选择"纹理10"选项

单击"确定"按钮，即可完成画笔纹理的设置，如图 7-31所示。

图 7-31 设置纹理

图 7-32和图 7-33所示为设置画笔纹理后的视频画面前后对比效果。

图 7-32 设置前

图 7-33 设置后

在会声会影2018中，用户可以对绘图创建器中的笔刷进行相应设置，并对其窗口进行调整以及其他工具的应用。本节主要介绍绘图创建器的一些基本操作。

7.3.1 设置画笔笔刷样式

在会声会影2018的"绘图创建器"窗口中，选择不同的笔刷选项，笔刷样式的属性也不一样，用户可根据绘图要求进行相应的选择。

进入会声会影编辑器，打开"绘图创建器"窗口，单击"画笔"笔刷右下角的图标 ，如图7-34所示。在弹出的属性面板中，设置各项参数，如图 7-35所示。单击"确定"按钮，即可调整画笔笔刷的样式。

图 7-34 单击图标

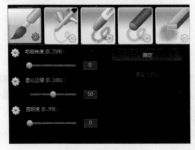

图 7-35 属性面板

画笔属性面板中各选项含义如下。

- ● "笔刷角度"选项：拖曳该选项下方的滑块，可以设置画笔的刷角样式，参数设置范围为0~359。

- ● "柔化边缘"选项：拖曳该选项下方的滑块，可以设置画笔的软边样式。数值越大，画笔边缘越柔软；数值越小，画笔边缘越硬。参数设置范围为0~100。

- ● "透明度"选项：拖曳该选项下方的滑块，可以设置画笔在绘图过程中的透明度。数值越大，画笔越透明；数值越小，画笔越明显。参数设置范围为0~99。

- ● "重置为默认"按钮：单击该按钮，可以将所有的画笔笔刷属性设置重置为会声会影 2018 软件默认的选项。

7.3.2 实战——使用蜡笔笔刷绘图

难　度：☆☆☆
素材文件：无
效果文件：无
在线视频：第7章7.3.2实战——使用蜡笔笔刷绘图.mp4

在会声会影2018中，用户可以在绘图创建

器中用蜡笔笔刷来制作自己想要的绘画效果。下面将介绍使用蜡笔笔刷绘图的具体操作。

01 进入"绘图创建器"窗口中，在窗口的最上方位置，单击选择蜡笔笔刷样式，在下方色块位置，设置蜡笔笔刷的颜色为黄色，如图 7-36 所示。

图 7-36 选择蜡笔笔刷样式

02 蜡笔的样式与颜色属性设置完成后，将鼠标指针移至预览窗口中的适当位置，按住鼠标左键指针拖曳，至合适位置后释放鼠标左键，即可绘制一个简单图形，如图 7-37 所示。

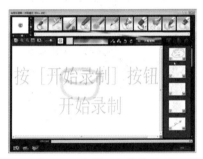

图 7-37 绘制一个简单图形

03 用与上面相同的方法，绘制图形中的其他部分，即可完成应用蜡笔笔刷绘制图形的操作，如图 7-38 所示。

图 7-38 绘制图形

7.3.3 重置蜡笔的默认属性

在"绘图创建器"窗口中，单击"蜡笔"笔刷右下角的图标，在弹出的面板中，可以对笔刷

的角度、透明度、重量和分布进行设置。如果用户对于设置的属性不满意，可以重置蜡笔的默认属性，然后再重新设置各参数。重置蜡笔默认属性的方法很简单，下面进行简单介绍。

进入"绘图创建器"窗口，单击"蜡笔"笔刷右下角的图标，在弹出的面板中单击"重置为默认"按钮，如图 7-39所示。即可将蜡笔笔刷的属性重置为默认属性，如图 7-40 所示。

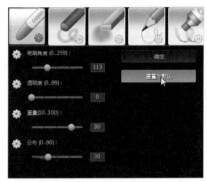

图 7-39 单击"重置为默认"按钮

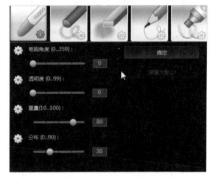

图 7-40 重置为默认属性

> **提示**
>
> 在"蜡笔"属性面板中，用户不仅可以通过拖曳滑块来设置蜡笔的参数，还可以直接在右侧的数值框中手动输入蜡笔的相关参数，来设置蜡笔的属性。

7.3.4 实战——清除绘制的视频

难　　度：	☆☆
素材文件：无	
效果文件：无	
在线视频：第7章\7.3.4实战——清除绘制的视频.mp4	

在会声会影2018中，用户在绘图创建器中创建绘图之后，如果有不满意的地方，可以单击"清除预览窗口"按钮来清除绘制的视频。下面将具体介绍如何清除绘制的视频。

01 进入"绘图创建器"窗口，运用画笔笔刷工具，在预览窗口中绘制相应的图形对象，如图7-41所示。

02 单击预览窗口左上方的"清除预览窗口"按钮▨，如图7-42所示。

图7-41 "绘图创建器"窗口

图7-42 单击"清除预览窗口"按钮

03 执行操作后，即可清除预览窗口，如图7-43所示。

图7-43 清除预览窗口

提示

在"绘图创建器"窗口中，若不需要全部清除预览窗口，可以单击预览窗口上方的"撤销"按钮▨，一步一步清除。

7.3.5 实战——自定义图像画面 难点

难　　度：	☆☆☆☆
素材文件：	素材\第7章\7.3.5
效果文件：	无
在线视频：	第7章\7.3.5实战——自定义图像画面.mp4

在会声会影2018中，用户在"绘图创建器"窗口中，可以根据自身的喜好，自行设置背景图像。下面介绍自定义图像画面的操作方法。

01 进入"绘图创建器"窗口，在工具栏上单击"背景图像选项"按钮▨，如图7-44所示。

图7-44 单击"背景图像选项"按钮

02 弹出"背景图像选项"对话框，在其中选中"自定图像"单选按钮，如图7-45所示。

图7-45 选中"自定图像"单选按钮

03 单击该按钮右侧的按钮 ... ，如图7-46所示。

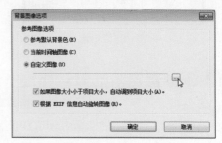

图7-46 单击该按钮右侧的按钮

"背景图像选项"对话框中各单选按钮含义如下。

● "参考默认背景色"单选按钮：选中该单选按钮，可以参考软件默认的背景色来设置画面背景效果。

● "当前时间轴图像"单选按钮：选中该单选按钮，可以应用当前时间轴中的图像效果。

● "自定图像"单选按钮：选中该单选按钮，可以自定义外部图像作为图形的背景效果。

04 执行操作后，弹出"打开图像文件"对话框，在其中选择需要导入的背景图像文件（素材\第7章\7.3.5\宝宝.jpg），如图7-47所示。

图7-47 选择背景图像文件

05 单击"打开"按钮，返回"背景图像选项"对话框，在"自定图像"下方的文本框中，显示了需要导入的图像位置，单击"确定"按钮，如图7-48所示。

图7-48 "背景图像选项"对话框

06 执行操作后，返回"绘图创建器"窗口，在预览窗口中可以查看导入的背景图像画面效果，如图7-49所示。

图7-49 背景图像画面效果

07 运用铅笔笔刷工具，在预览窗口中的背景图像上绘制相应的图形对象，效果如图7-50所示。

图7-50 预览效果

7.4 掌握静态与动态绘图

在会声会影2018中，用户还可以在"绘图创建器"窗口中设置绘图属性及绘图模式，如更改默认录制区间、更改默认背景色和应用静态模式等。本节主要介绍静态与动态绘图。

7.4.1 更改录制的视频区间

在会声会影2018中，用户可以更改视频默认的录制区间，使录制的视频更加符合用户的需求。进入"绘图创建器"窗口，单击左下角的

"参数选择设置"按钮 ■，如图7-51所示。

执行操作后，弹出"参数选择"对话框，在"默认录制区间"数值框中输入数值5，如图7-52所示。然后单击"确定"按钮，完成设置。

图 7-51 单击"参数选择设置"按钮

图 7-52 输入数值5

提示

在"绘图创建器"窗口中，按 F6 快捷键也可以打开目标对话框。

"参数选择"对话框中各选项的含义如下。

● "默认录制区间"：在该选项右侧的数值框中，可以输入视频录制的区间长度。

● "默认背景色"：单击该选项右侧的色块，可以设置背景色效果。

● "设置参考图像为背景图像"：勾选该复选框，可以设置软件参考的图像为背景图像。

● "启用图层模式"：勾选该复选框，可以启用素材文件中的图层模式。

● "启用自动调整到屏幕大小"：勾选该复选框，当图像素材导入到窗口中时，将自动调整到屏幕大小。

7.4.2 更改舞台背景色效果

在"参数选择"对话框中，用户还可以对软件的默认背景色进行设置。

进入"绘图创建器"窗口，单击左下角的"参数选择设置"按钮，弹出"参数选择"对话框，单击"默认背景色"色块，在弹出的颜色面板中选择紫色色块，如图 7-53所示。

单击"确定"按钮，返回"绘图创建器"窗口，单击"背景图像选项"按钮，如图 7-54所示。

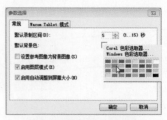

图 7-53 选择紫色色块

图 7-54 单击"背景图像选项"按钮

弹出"背景图像选项"对话框，在其中选中"参考默认背景色"单选按钮，如图 7-55所示。然后单击"确定"按钮，完成设置，背景色效果如图 7-56所示。

图 7-55 选中"参考默认背景色"单选按钮

图 7-56 背景色效果

7.4.3 应用静态模式绘图

在"绘图创建器"窗口中，设置静态模式后，绘出的图像将不能设置帧集。进入"绘图创建器"窗口，单击左下方的"更改为'动画'或'静态'模式"按钮，如图 7-57所示。

在弹出的列表框中选择"静态模式"选项，即可应用静态模式，如图 7-58所示。

图 7-57 单击指定按钮

图 7-58 选择"静态模式"选项

7.4.4 将画面进行快照存储

在会声会影2018中添加静态图像后，静态文件不具备播放预览功能。

进入"绘图创建器"窗口，运用"画笔"笔刷和"微粒"笔刷在预览窗口中绘制一个图形，单击"快照按钮"，如图7-59所示。

执行操作后，即可在右侧的"动画类型"下拉列表框中显示添加的静态图像，效果如图7-60所示。

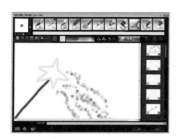

图 7-59 单击"快照按钮"

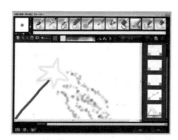

图 7-60 添加的静态图像

提示

用户在"动画模式"中绘制的图形不能用于"静态模式"中，一旦切换模式，绘制的图形将被清除。

7.4.5 应用动画模式绘图

在"绘图创建器"窗口，用户还可以将绘图的对象设置为动画模式，动画模式具有帧集，可以进行播放。进入"绘图创建器"窗口，单击左下方的"更改为'动画'或'静态'模式"按钮，如图 7-61所示。

在弹出的列表框中选择"动画模式"选项，如图 7-62所示，即可应用动画模式绘制图形。

图 7-61 单击指定按钮

图 7-62 选择"动画模式"选项

7.4.6 更改视频的区间长度

在会声会影2018中，更改视频动画的区间，是指调整动画的时间长度。

进入"绘图创建器"窗口，选择需要更改区间的视频动画，在动画文件上右键单击，在弹出的快捷菜单中选择"更改区间"选项，如图 7-63所示。

执行操作后，弹出"区间"对话框，在"区间"数值框中输入数值10，如图 7-64所示。然后单击"确定"按钮，即可更改视频文件的区间长度。

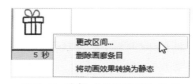

图 7-63 选择"更改区间"选项

图 7-64 输入数值10

7.4.7 将视频转换为静态图像 _{难点}

在"绘图创建器"窗口中的"动画类型"中，用户可以将视频动画转换为静态图像。

进入"绘图创建器"窗口，在"动画类型"下拉列表框中任意选择一个视频动画文件，单击鼠标右键，在弹出的快捷菜单中选择"将动画效果转换为静态"选项，如图7-65所示。执行操作后，即可在"动画类型"下拉列表框中显示转换为静态图像的文件，如图7-66所示。

图 7-65 选择"将动画效果转换为静态"选项

图 7-66 静态图像的文件

7.4.8 删除录制的视频文件

在"绘图创建器"窗口中，如果用户对于录制的视频动画文件不满意，可以将录制完成的视频文件进行删除操作。

进入"绘图创建器"窗口，选择需要删除的视频动画文件，在动画文件上右键单击，在弹出的快捷菜单中选择"删除画廊条目"选项，如图7-67所示。执行操作后，即可删除选择的视频动画文件。

图 7-67 选择"删除画廊条目"选项

7.4.9 实战——录制视频文件 _{重点}

难　　度：	☆☆☆☆
素材文件：	无
效果文件：	无
在线视频：	第7章\7.4.9实战——录制视频文件.mp4

在会声会影2018中，只有在"动画模式"下，才能将绘制的图形进行录制，然后创建为视频文件。下面介绍录制视频文件的操作方法。

01 进入"绘图创建器"窗口，单击左下方的"更改为'动画'或'静态'模式"按钮，在弹出的列表框中选择"动画模式"选项，如图7-68所示，应用动画模式。

02 在工具栏的右侧，单击"开始录制"按钮，如图7-69所示。

图 7-68 选择"动画模式"选项

图 7-69 单击"开始录制"按钮

03 开始录制视频文件，运用画笔笔刷工具，设置画笔的颜色属性，在预览窗口中绘制一个图形，当用户绘制完后，单击"停止录制"按钮，如图7-70所示。

图 7-70 单击"停止录制"按钮

04 执行操作后，即可停止视频的录制，绘制的图形自动保存到"动画类型"下拉列表框中，如图7-71所示。

图 7-71 "动画类型"下拉列表框

05 在工具栏右侧,单击"播放选中的画廊条目"按钮,如图 7-72 所示。

图 7-72 单击"播放选中的画廊条目"按钮

06 执行操作后,即可播放录制完成的视频画面,如图 7-73 和图 7-74 所示。

图 7-73 预览效果(1)

图 7-74 预览效果(2)

7.5 知识拓展

在会声会影2018中,用户可以自己创建视频文件,这不仅大大提高了用户的制作空间和发挥程度,还可以使用户能够发挥自己的想象力来绘制需要的视频文件,这样亲手绘制出来的文件也多了几分心意。在使用绘制功能的时候需要注意一些细节,避免出现画错画歪的情况。

7.6 拓展训练

素材文件:素材\第7章\拓展训练	效果文件:无		在线视频:第7章\拓展训练.mp4

根据本章所学知识,在"绘图创建器"窗口中应用时间轴中的图像素材作为背景,制作一个简单的视频效果,如图 7-75所示。

图 7-75 最终效果

第 8 章

编辑与修整视频素材

　　在会声会影2018中制作视频时，素材是必不可少的。为了制作更专业的视频，我们需要对编辑与修整素材有一定的了解，这样才能更灵活地运用素材，使视频的效果最优。在编辑素材时还会用到动态追踪和摇动与缩放等功能。本章将具体介绍如何编辑和修整视频素材。

本章重点

编辑与修整视频素材

撤销与重做素材

应用动态追踪

视频画面摇动与缩放

本章主要介绍影视素材的编辑与修整操作，主要包括编辑素材对象、修整视频素材和撤销与恢复操作等。

在会声会影2018中对视频素材进行编辑时，用户可根据编辑需要对视频轨中的素材进行相应的管理，如选择、删除和移动等。本节主要介绍编辑影视素材文件的操作方法。

8.1.1 选取素材

在会声会影2018中编辑素材之前，首先需要选取相应的视频素材。选取素材是编辑素材的前提，用户可以根据需要选择单个素材文件或多个素材文件。下面介绍选取素材的操作方法。

1. 选择单个素材

在时间轴面板中，如果用户需要编辑某一个视频素材，首先需要选择该素材文件。

选择单个素材文件的方法很简单，将鼠标指针移至需要选择的素材缩略图上方，此时鼠标指针呈十字形状，如图 8-1所示。单击鼠标左键，即可选择该视频素材，被选择的素材四周呈黄色显示，如图8-2所示。

图 8-1 未被选中的素材

图 8-2 被选中的素材

2. 选择连续的多个素材

在时间轴面板的视频中，用户根据需要可以选择连续的多个素材文件，同时进行相关编辑操作。选择连续的多个素材文件的方法很简单，首先选择第一段素材，如图 8-3所示。

图 8-3 选择第一段素材

在按住Shift键的同时，选择最后一段素材，此时两段素材之间的所有素材都将被选中，被选中的素材四周呈黄色显示，如图 8-4所示。

图 8-4 选择多个素材

8.1.2 删除素材

在会声会影2018中编辑视频时，当插入到时间轴面板中的素材不符合用户的要求时，用户可以将不需要的素材进行删除操作。下面介绍删除素材的多种操作方法。

1. 通过选项删除素材

在会声会影2018中，用户可以通过"删除"选项来删除不需要的素材文件。

首先，在时间轴面板中选择需要删除的素材文件，如图 8-5所示。单击鼠标右键，在弹出的快捷菜单中选择"删除"选项，如图 8-6所示。

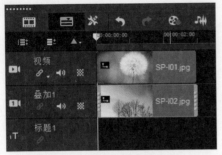

图 8-5 选择要删除的素材文件

图 8-6 选择"删除"选项

执行操作后，即可在时间轴面板中，删除选择的视频素材，如图 8-7所示。

图 8-7 删除素材效果

2. 通过命令删除素材

在会声会影2018中，用户可以通过菜单栏中的"删除"命令来删除不需要的素材文件。

首先，在时间轴面板中选择要删除的素材文件，在菜单栏中单击"编辑"|"删除"命令，如图 8-8所示，执行操作后，即可删除时间轴面板中选择的素材文件。

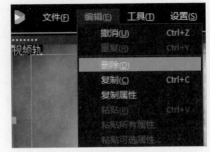

图 8-8 单击"删除"命令

提示

在会声会影2018的时间轴面板中，选择需要删除的素材文件后，按键盘上的 Delete 键，也可以快速删除选择的素材文件。

8.1.3 实战——编辑素材文件

难　度：☆☆☆	
素材文件：素材\第8章\8.1.3	
效果文件：素材\第8章\8.1.3	
在线视频：第8章\8.1.3实战——编辑素材文件.mp4	

在会声会影2018中用照片制作电子相册视频时，如果用户对视频轨中的照片素材不满意，可以将照片素材替换为用户满意的素材。下面介绍编辑素材文件的方法。

01 进入会声会影 2018，单击"文件"|"打开项目"命令，打开一个项目文件（素材\第 8 章\8.1.3\夕阳 .VSP），如图 8-9 所示。

02 在预览窗口中，预览当前照片素材的画面效果，如图 8-10 所示。

图 8-9 项目文件素材

图 8-10 预览效果

03 在故事板中，选择需要替换的照片素材，在照片素材上右键单击，在弹出的快捷菜单中选择"替换素材"|"照片"选项，如图 8-11 所示。

图 8-11 选择"照片"选项

04 执行操作后，弹出"替换/重新链接素材"对话框，在其中选择需要的照片素材（素材\第8章\8.1.3\灯塔.jpg），如图 8-12 所示。

图 8-12 选择需要的照片素材

05 单击"打开"按钮，即可替换故事板中的照片素材，如图 8-13 所示。

06 单击导航面板中的"播放"按钮，预览替换照片后的画面效果，如图 8-14 所示。

图 8-13 替换后的素材

图 8-14 预览效果

相关链接

在会声会影 2018 中有更为简便的替换素材的方法，就是使用 Ctrl 键对素材进行替换操作。首先介绍在故事板视图中替换素材的方法。在素材库中选择替换之后的照片素材，按住鼠标左键并将其拖曳至故事板中需要替换的照片素材上方，拖曳鼠标的同时按住 Ctrl 键，此时鼠标指针处将显示"替换素材"字样，如图 8-15 所示，释放鼠标左键，即可替换故事板视图中的照片素材。

图 8-15 替换素材

在时间轴视图面板中替换素材的操作与在故事板视图中替换素材操作相同。在素材库中选择替换之后的照片素材，按住鼠标左键并将其拖曳至视频轨中需要替换的照片素材上方，拖曳鼠标的同时按住Ctrl键，此时鼠标指针处将显示"替换素材"字样，如图 8-16 所示，释放鼠标左键，即可替换视频轨中的照片素材。

图 8-16 替换素材

8.1.4 实战——粘贴所有属性或可选属性至另一素材 （难点）

难　　度：☆☆☆
素材文件：素材\第8章\8.1.4
效果文件：素材\第8章\8.1.4
在线视频：第8章\8.1.4实战——粘贴所有属性或可选属性至另一素材.mp4

在会声会影2018中，如果用户需要制作多种相同的视频特效，可以将已经制作好的特效直接复制与粘贴到其他素材上。这样做可以提高用户编辑视频的效率。下面介绍粘贴所有素材或可选属性的方法。

01 进入会声会影编辑器，单击"文件"|"打开项目"命令，打开一个项目文件（素材\第 8 章\8.1.4\ 花丛 .VSP），预览效果如图 8-17 和图8-18 所示。

图 8-17 预览效果（1）

图 8-18 预览效果（2）

02 在视频轨中，选择需要复制属性的素材文件，如图 8-19 所示。

图 8-19 选择素材文件

03 在菜单栏中，单击"编辑"|"复制属性"命令，如图 8-20 所示。

图 8-20 单击"复制属性"命令

04 执行操作后，即可复制素材的属性，在视频轨中选择需要粘贴属性的素材文件，如图 8-21所示。

图 8-21 选择素材文件

05 在菜单栏中，单击"编辑"|"粘贴所有属性"命令，如图 8-22 所示。

图 8-22 单击"粘贴所有属性"命令

06 执行操作后，即可粘贴素材的所有特效属性。在导航面板中单击"播放"按钮，预览视频画面效果，如图 8-23 和图 8-24 所示。

图 8-23 预览效果（1）

图 8-24 预览效果（2）

07 在菜单栏中，单击"编辑"|"粘贴可选属性"命令，如图 8-25 所示。

图 8-25 选择素材文件

08 执行操作后，弹出"粘贴可选属性"对话框，如图 8-26 所示。

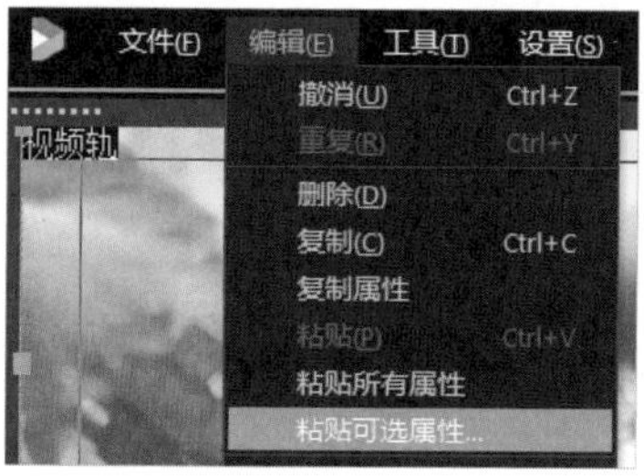

图 8-26 单击"粘贴可选属性"命令

09 在对话框中，取消勾选"全部"复选框，然后在下方勾选需要粘贴可选属性所对应的复选框，如图 8-27 所示。

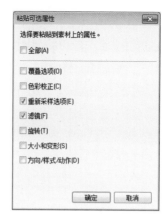

图 8-27 取消勾选"全部"复选框

10 执行操作后，即可粘贴素材的所有特效属性。在导航面板中单击"播放"按钮，预览视频画面效果，如图 8-28 和图 8-29 所示。

图 8-28 预览效果（1）

图 8-29 预览效果（2）

"粘贴可选属性"对话框中各主要选项含义如下。

● "全部"复选框：勾选该复选框，可以粘贴之前复制的素材的所有属性和特效。

● "覆叠选项"复选框：勾选该复选框，可以粘贴素材的覆叠选项，包括覆叠特效等。

- "色彩校正"复选框：勾选该复选框，可以粘贴素材的色彩校正属性，可以将其他素材中的画面色调与所复制的素材画面色调保持一致。

- "重新采样选项"复选框：勾选该复选框，可以粘贴素材的宽高比显示设置。

- "滤镜"复选框：勾选该复选框，可以粘贴之前所复制的素材中的所有滤镜特效，包括滤镜参数

的设置。

- "旋转"复选框：勾选该复选框，可以粘贴之前复制的素材的旋转特效。

- "大小和变形"复选框：勾选该复选框，可以粘贴之前复制的素材的大小和变形属性。

- "方向/样式/动作"复选框：勾选该复选框，可以粘贴素材的方向/样式/动作属性与动画特效。

8.2 修整影视素材文件

在会声会影2018中添加视频素材后，可以根据需要对视频素材进行修整操作，以满足影片的需要。本节主要介绍修整项目中视频素材的操作方法。

8.2.1 实战——反转和变形视频素材

难　度：	☆☆☆
素材文件：	素材\第8章\8.2.1
效果文件：	素材\第8章\8.2.1
在线视频：	第8章\8.2.1实战——反转和变形视频素材.mp4

在电影中经常可以看到物品破碎后又复原的效果，要在会声会影2018中制作出这种效果是非常简单的，只要逆向播放一次影片即可。使用会声会影2018的"变形素材"功能，可以任意倾斜或者扭曲视频素材，变形视频素材配合倾斜或扭曲的重叠画面，可使视频应用变得更加自由。下面介绍反转和变形视频素材的操作方法。

01 进入会声会影编辑器，单击"文件"|"打开项目"命令，打开一个项目文件（素材\第8章\8.2.1\人海.VSP），如图8-30所示。

图 8-30 项目素材文件

02 单击导航面板中的"播放"按钮，预览视频效果，如图8-31和图8-32所示。

图 8-31 预览效果（1）

图 8-32 预览效果（2）

03 双击视频轨中的视频素材，在"编辑"选项面板中勾选"反转视频"复选框，如图8-33所示。

图 8-33 勾选"反转视频"复选框

04 执行操作后，即可反转视频素材。单击导航面板中的"播放"按钮，即可在预览窗口中观看视频反转后的效果，如图 8-34 和图 8-35 所示。

图 8-34 预览效果（1）

图 8-35 预览效果（2）

05 此时，预览窗口中的视频素材四周将出现黄色控制柄和绿色控制柄，拖动绿色控制柄调整素材，如图 8-36 所示。

图 8-36 变形素材

06 变形素材后，单击导航面板中的"播放"按钮，预览变形后的视频画面效果，如图 8-37 和图 8-38 所示。

图 8-37 预览效果（1）

图 8-38 预览效果（2）

提示

在会声会影 2018 中，用户只能对视频素材进行反转操作，无法对照片素材进行反转操作。

8.2.2 实战——分割多段素材 重点

难　　度：	☆☆☆☆
素材文件：	素材\第8章\8.2.2
效果文件：	素材\第8章\8.2.2
在线视频：	第8章\8.2.2实战——分割多段素材.mp4

在会声会影2018中，用户可以将视频轨中的视频素材进行分割操作，使其变为多个小段的视频，然后为每个小段视频制作相应特效。下面介绍分割多段视频素材的操作方法。

01 进入会声会影编辑器，在时间轴面板的视频轨中插入一段视频素材（素材 \ 第 8 章 \8.2.2\ 水滴 .VSP），如图 8-39 所示。

02 在视频轨中，将时间线移至需要分割素材的位置，如图 8-40 所示。

图 8-39 插入视频素材

图 8-40 移动时间线

03 在菜单栏中，单击"编辑"|"分割素材"命令，如图 8-41 所示。

图 8-41 单击"分割素材"命令

04 执行操作后，即可在时间轴面板中的时间线位置，对视频素材进行分割操作，分割为两段，如图 8-42 所示。

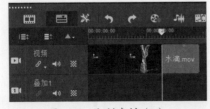

图 8-42 分割素材（1）

05 用与上面同样的操作方法，再次对视频轨中的视频进行分割操作，如图 8-43 所示。

图 8-43 分割素材（2）

06 素材分割完成后，单击导航面板中的"播放"按钮，预览视频效果，如图 8-44 和图 8-45 所示。

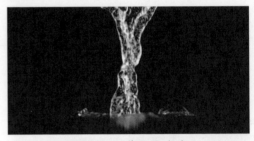

图 8-44 预览效果（1）

图 8-45 预览效果（2）

8.2.3 实战——抓拍视频快照

难　度：☆☆☆
素材文件：素材\第8章\8.2.3
效果文件：素材\第8章\8.2.3
在线视频：第8章\8.2.3实战——抓拍视频快照.mp4

　　制作视频画面特效时，如果用户对某个视频画面比较喜欢，可以将该视频画面抓拍下来，存于素材库面板中。下面介绍抓拍视频快照的操作方法。

01 进入会声会影编辑器，在时间轴面板的视频轨中插入一段视频素材（素材\第8章\8.2.3\大街.avi），预览效果如图8-46和图8-47所示。

图 8-46 预览效果（1）

图 8-47 预览效果（2）

02 在时间轴面板中，选择需要抓拍照片的视频文件，如图8-48所示。

图 8-48 选择视频文件

03 将时间线移至需要抓拍视频画面的位置，如图8-49所示。

图 8-49 移动时间线

04 在菜单栏中，单击"编辑"|"抓拍快照"命令，如图8-50所示。

05 执行操作后，即可抓拍视频快照，被抓拍的视频快照将显示在"照片"素材库中，如图8-51所示。

图 8-50 单击"抓拍快照"命令

图 8-51 "照片"素材库

8.2.4 实战——调整照片的区间 重点

难　　度：☆☆☆
素材文件：素材\第8章\8.2.4
效果文件：素材\第8章\8.2.4
在线视频：第8章\8.2.4实战——调整照片的区间.mp4

在会声会影2018中，对于所编辑的照片素材，用户可以根据实际情况调整照片的播放长度。下面介绍调整照片区间的操作方法。

1. 通过命令调整区间

01 进入会声会影编辑器，在时间轴面板的视频轨中插入一幅素材图像（素材\第8章\8.2.4\三亚.jpg），如图8-52所示。

图 8-52 预览效果

02 在视频轨中，选择需要调整区间长度的照片素材，如图 8-53 所示。

图 8-53 选择照片素材

03 在菜单栏中，单击"编辑"|"更改照片/色彩区间"命令，如图 8-54 所示。

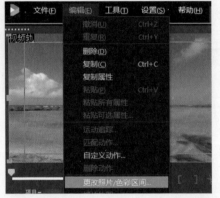

图 8-54 单击"更改照片/色彩区间"命令

04 执行操作后，弹出"区间"对话框，在其中设置"区间"为 0:0:8:0，如图 8-55 所示。

图 8-55 设置区间

05 单击"确定"按钮，即可更改照片素材的区间长度，如图 8-56 所示。

图 8-56 更改区间

2. 通过选项调整区间

在时间轴面板的视频轨中，选择需要调

整区间的照片素材。在照片素材上右键单击，在弹出的快捷菜单中选择"更改照片区间"选项，如图 8-57 所示。将弹出"区间"对话框，设置相应的区间参数后，单击"确定"按钮，即可更改照片素材的区间长度。

图 8-57 选择"更改照片区间"选项

3. 通过数值框调整区间

在会声会影2018中，选择需要调整区间长度的照片素材，展开"照片"选项面板，在"照片区间"数值框中输入相应的区间参数，如图 8-58所示。按Enter键确认，即可调整视频轨中照片素材的区间长度。

图 8-58 "照片区间"数值框

8.2.5 实战——调整视频的区间

难　度：	☆☆☆
素材文件：	素材\第8章\8.2.5
效果文件：	素材\第8章\8.2.5
在线视频：	第8章\8.2.5实战——调整视频的区间.mp4

在会声会影2018中编辑视频素材时，用户可以调整视频素材的区间长短，以使调整后的视频素材更好地适用于所编辑的项目。下面介

绍调整视频区间的操作方法。

1. 通过命令调整区间

01 进入会声会影编辑器，在时间轴面板的视频轨中插入一段视频素材（素材\第8章\8.2.5\长城.avi），其预览效果如图8-59和图8-60所示。

图 8-59 预览效果（1）

图 8-60 预览效果（2）

02 在视频轨中，选择需要调整区间长度的视频素材，如图8-61所示。

图 8-61 选择视频素材

03 在菜单栏中，单击"编辑"|"速度/时间流逝"命令，如图8-62所示。

图 8-62 单击"速度/时间流逝"

04 执行操作后，弹出"速度/时间流逝"对话框，

在其中设置"新素材区间"为0:0:5:0，如图8-63所示。

图 8-63 设置新素材区间

05 设置完成后，单击"确定"按钮，即可更改视频的区间长度，如图8-64所示。

图 8-64 更改视频的区间长度

"速度/时间流逝"对话框中各主要选项含义如下。

- **原始素材区间**：在该选项的右侧，显示了视频素材的原始区间长度。
- **新素材区间**：在该选项右侧的数值框中，可以输入需要调整的视频区间参数。
- **帧频率**：可以设置视频的帧率。
- **速度**：可以设置视频的播放速度，参数设置范围为10%~1000%。
- **预览**：可以预览设置后的视频区间。

2. 通过选项调整区间

在时间轴面板的视频轨中，选择需要调整区间的视频素材。在视频素材上右键单击，在弹出的快捷菜单中选择"速度/时间流逝"选项，如图8-65所示。将弹出"速度/时间流逝"对话框，设置相应的新素材区间参数后，单击"确定"按钮，即可更改视频素材的区间长度。

图 8-65 选择"速度/时间流逝"选项

3. 通过数值框调整区间

在会声会影2018中，选择需要调整区间长度的视频素材，展开"视频"选项面板，在"视频区间"数值框中输入相应的区间参数，如图 8-66所示。按Enter键确认，即可调整视频轨中视频素材的区间长度。

图 8-66 "视频区间"数值

8.2.6 实战——调整素材声音大小

难　度：☆☆☆	
素材文件：素材\第8章\8.2.6	
效果文件：素材\第8章\8.2.6	
在线视频：第8章\8.2.6实战——调整素材声音大小.mp4	

在会声会影2018中，当用户进行视频编辑时，可对视频素材的音量进行调整，以使视频与画外音、背景音乐更加协调。下面介绍调整素材声音大小的操作方法。

01 进入会声会影编辑器，在故事板中插入一段视频素材（素材 \ 第 8 章 \8.2.6\ 转场 .mp4），如图 8-67 所示。

图 8-67 插入视频素材

02 在窗口的右侧，单击"选项" ✎ 按钮，如图 8-68 所示。

图 8-68 单击"选项"按钮

03 展开"选项"面板，单击"素材音量"右侧的下拉按钮，如图 8-69 所示。

图 8-69 单击下拉按钮

04 在弹出的列表框中，拖曳滑块调节音量，直至参数显示为 262，如图 8-70 所示。

图 8-70 调节音量

05 视频素材的音量设置完成后，单击导航面板中的"播放"按钮，即可查看视频画面效果并聆听音频效果，如图 8-71 和图 8-72 所示。

图 8-71 预览效果（1）

图 8-72 预览效果（2）

相关链接

在会声会影 2018 中对视频进行编辑时，如果用户不需要使用视频的背景音乐，而需要重新添加一段音乐作为视频的背景音乐，以将视频现有的背景音乐调整为静音。操作方法很简单，首先选择视频轨中需要调整为静音的视频素材，展开"视频"选项面板，单击"素材音量"右侧的"静音"按钮 🔇，如图 8-73 所示。执行操作后，即可设置视频素材的背景音乐为静音。

图 8-73 单击"静音"按钮

8.2.7 实战——对视频变速调节

难　度：	☆☆☆☆
素材文件：	素材\第8章\8.2.7
效果文件：	素材\第8章\8.2.7
在线视频：	第8章\8.2.7实战——对视频变速调节.mp4

使用会声会影 2018 中的变速调节功能，可以使用慢动作唤起视频中的剧情，或者加快实现独特的缩时效果。下面介绍运用"变速调节"功能编辑视频播放速度的操作方法。

1. 通过命令变速调节

01 进入会声会影编辑器，在时间轴面板的视频轨中插入一段视频素材（素材 \ 第 8 章 \8.2.7\ 夜市 .avi），如图 8-74 所示。

图 8-74 插入视频素材

02 在菜单栏中，单击"编辑"|"变速"命令，如图 8-75 所示。

图 8-75 单击"变速"命令

03 执行操作后，弹出"变速"对话框，如图 8-76 所示。

04 在中间的时间轴上，将时间线移至 00:00:00:03 的位置，如图 8-77 所示。

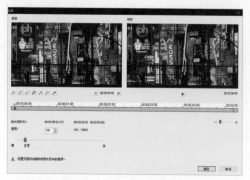

图 8-76 "变速"对话框

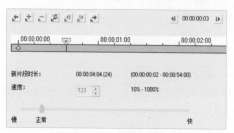

图 8-77 移动时间线

05 单击"添加关键帧"按钮 ，在时间线位置添加一个关键帧，如图 8-78 所示。

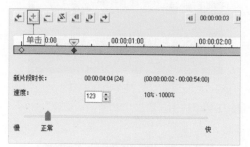

图 8-78 添加一个关键帧

06 在"速度"右侧的数值框中，输入 600，设置第一段区域中的视频以快进的速度进行播放，如图 8-79 所示。

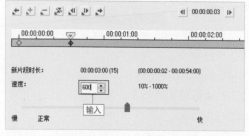

图 8-79 设置"速度"参数

07 在中间的时间轴上，将时间线移至00:00:02:04 的位置，如图 8-80 所示。

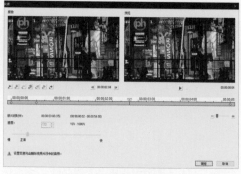

图 8-80 移动时间线

08 单击"添加关键帧"按钮 ，在时间线位置添加第 2 个关键帧。在"速度"右侧的数值框中，输入 60，设置第二段区域中的视频以较慢的速度进行播放，如图 8-81 所示。

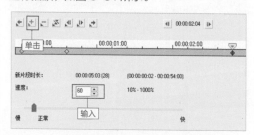

图 8-81 设置"速度"参数

09 设置完成后，单击"确定"按钮，即可调整视频的播放速度。单击导航面板中的"播放"按钮，预览视频画面效果，如图 8-82 和图 8-83 所示。

图 8-82 预览效果（1）

图 8-83 预览效果（2）

2. 通过选项变速调节

在时间轴面板的视频轨中，选择需要变速调节的视频素材，在视频素材上右键单击，在弹出的快捷菜单中选择"变速"选项，如图8-84所示。执行操作后，即可在弹出的对话框中对视频进行变速操作。

图 8-84 选择"变速"选项

3. 通过按钮变速调节

在时间轴面板的视频轨中，选择需要变速调节的视频素材，展开"视频"选项面板，在其中单击"变速"按钮，如图8-85所示。执行操作后，即可在弹出的对话框中对视频进行变速调节操作。

图 8-85 单击"变速"按钮

8.3 撤销与重做素材

在会声会影2018编辑视频的过程中，用户可以对已完成的操作进行撤销和重做的操作，熟练地运用撤销和重做功能将会给工作带来极大的方便。本节主要介绍撤销和重做的操作方法。

8.3.1 实战——素材的撤销操作 重点

难　度：☆☆☆☆
素材文件：素材\第8章\8.3.1
效果文件：素材\第8章\8.3.1
在线视频：第8章8.3.1实战——素材的撤销操作.mp4

在会声会影2018中，如果用户对视频素材进行了错误操作，可以对错误的操作进行撤销，恢复至之前正确的状态。下面介绍撤销视频操作。

01 进入会声会影编辑器，在时间轴面板的视频轨中插入一段视频素材（素材\第8章\8.3.1\车水马龙.avi），如图8-86所示。

图 8-86 插入视频素材

02 在时间轴面板中，将时间线移至00:00:04:10的位置处，如图8-87所示。

图 8-87 移动时间线

03 在菜单栏中，单击"编辑"|"分割素材"命令，如图 8-88 所示。

图 8-88 单击"分割素材"命令

04 执行操作后，即可将视频素材分割为两段，如图 8-89 所示。

图 8-89 分割素材

05 如果不需要对视频进行分割，此时需要恢复素材被分割前的状态，在菜单栏中单击"编辑"|"撤消"命令，如图 8-90 所示。

图 8-90 单击"撤消"命令

06 执行操作后，即可将视频恢复至之前的状态，如图 8-91 所示，撤销视频的分割操作。

图 8-91 撤销视频的分割操作

07 单击导航面板中的"播放"按钮，预览视频画面效果，如图 8-92 和图 8-93 所示。

图 8-92 预览效果（1）

图 8-93 预览效果（2）

8.3.2 素材的重做操作

在会声会影2018工作界面中编辑视频时，用户可以对撤销的操作再次进行重做操作，恢复视频画面至之前的视频状态。

重做操作的方法很简单，在撤销文件的操作后，单击"编辑"|"重复"命令，如图8-94所示，即可重做至撤销之前的视频状态。

图 8-94 单击"重复"命令

8.4 应用路径运动效果

在会声会影2018中，用户可以将软件自带路径动画添加至视频画面或图像素材中，以增强视频的感染力。本节主要介绍为素材应用路径运动效果的操作方法。

8.4.1 导入路径

在会声会影2018中，用户可以使用软件自带的路径动画效果，还可以导入外部的路径动画效果。导入外部路径动画的方法很简单，首先切换至"路径"素材库，单击"导入路径"按钮，如图8-95所示。执行操作后，弹出"浏览"对话框，在其中用户可根据需要选择要导入的路径文件，如图8-96所示。然后单击"打开"按钮，即可将路径文件导入到"路径"面板中。

图 8-95 单击"导入路径"按钮

图 8-96 选择路径文件

8.4.2 实战——为视频添加路径 重点

难 度：☆☆☆☆
素材文件：素材\第8章
效果文件：素材\第8章
在线视频：第8章\8.4.2实战——为视频添加路径.mp4

在会声会影2018中，可以为视频轨中的视频或图像素材添加路径运动效果，以使视频更有吸引力。下面将具体介绍如何为视频添加路径。

01 进入会声会影编辑器，单击"文件"|"打开项目"命令，打开一个项目文件（素材\第8章\8.4.2\啤酒.VSP），如图8-97所示。

图 8-97 项目素材文件

02 在预览窗口中，可以预览视频的画面效果，如图8-98所示。

图 8-98 预览效果

03 在素材库的左侧，单击"路径"按钮，如图8-99所示。

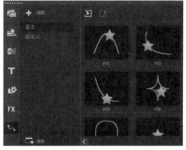

图 8-99 单击"路径"按钮

04 进入"路径"素材库，在其中选择相应的路径运动效果，如图 8-100 所示。

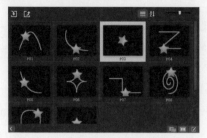

图 8-100 选择相应的路径运动效果

05 将选择的路径运动效果拖曳至视频轨中的素材图像上，如图 8-101 所示。

图 8-101 添加路径效果

06 释放鼠标左键，即可为素材添加路径运动效果，在预览窗口中可以预览素材画面，如图 8-102 所示。

图 8-102 预览效果

07 单击导航面板中的"播放"按钮，预览添加路径运动效果后的视频画面，如图 8-103 和图 8-104 所示。

图 8-103 预览效果（1）

图 8-104 预览效果（2）

8.4.3 实战——为覆叠素材添加路径 （难点）

难 度：	☆☆☆☆
素材文件：	素材\第8章\8.4.3
效果文件：	素材\第8章\8.4.3
在线视频：	第8章\8.4.3实战——为覆叠素材添加路径.mp4

在会声会影2018中，用户可以根据需要为覆叠轨中的素材添加路径效果，以制作出类似电视中的画中画特效。下面介绍为覆叠素材添加路径动画的操作方法。

01 进入会声会影编辑器，单击"文件"|"打开项目"命令，打开一个项目文件（素材\第8章\8.4.3\为覆叠素材添加路径.VSP），如图 8-105 所示。

02 在预览窗口中，可以预览视频的画面效果，如图 8-106 所示。

图 8-105 项目文件素材

图 8-106 预览效果

03 在素材库的左侧，单击"路径"按钮，进入"路径"素材库，在其中选择"P01"路径运动效果，如图 8-107 所示。

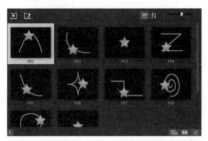

图 8-107 选择"P01"路径

04 将选择的路径运动效果拖曳至覆叠轨中的素材图像上，如图 8-108 所示，释放鼠标左键，即可为素材添加路径运动效果。

图 8-108 添加路径运动效果

05 双击覆叠轨素材，将弹出选项面板，在"属性"选项卡中，单击"自定义动作"按钮，如图 8-109 所示。

图 8-109 单击"自定义动作"按钮

06 弹出"自定义动作"对话框，选择第一个关键帧，在"位置"选项区中设置 X 为 -11，设置 Y 为 36；在"大小"选项区中设置 X 为 13，设置 Y 为 13，如图 8-110 所示。

07 选择最后一个关键帧，在"位置"选项区中设置 X 为 65，设置 Y 为 -41；在"大小"选项区中设置 X 为 13，设置 Y 为 13，如图 8-111 所示。

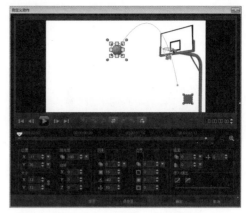

图 8-110 设置第一个关键帧

图 8-111 设置最后一个关键帧

08 自定义动作完成后，单击"确定"按钮，回到会声会影工作界面。然后单击导航面板中的"播放"按钮，预览添加路径效果后的视频画面，如图 8-112 和图 8-113 所示。

图 8-112 预览效果（1）

图 8-113 预览效果（2）

8.4.4 实战——自定义路径效果 难点

难　度：☆☆☆☆☆
素材文件：素材\第8章\8.4.4
效果文件：无
在线视频：第8章8.4.4实战——自定义路径效果.mp4

在会声会影2018中，当用户为视频或图像素材添加路径效果后，还可以对运动路径进行编辑和修改操作，使制作的路径效果更加符合用户的需求。下面介绍自定义路径效果的方法。

01 进入会声会影编辑器，在视频轨中插入一幅素材图像（素材\第8章\8.4.4\张嘴.png），如图8-114所示。

图 8-114 插入素材图像

02 在预览窗口中，可以预览视频轨中的素材画面，如图8-115所示。

图 8-115 预览效果

03 用与上面相同的方法，在覆叠轨中插入一幅素材图像（素材\第8章\8.4.4\汉堡.jpg），如图8-116所示。

04 在预览窗口中，可以预览覆叠轨中的素材画面，如图8-117所示。

图 8-116 插入素材图像

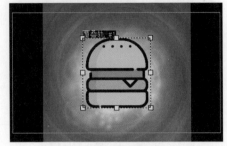

图 8-117 预览效果

05 在菜单栏中，单击"编辑"|"自定义动作"命令，如图8-118所示。

图 8-118 单击"自定义动作"命令

06 执行操作后，弹出"自定义动作"对话框，如图8-119所示。

图 8-119 "自定义动作"对话框

07 选择第一个关键帧，在"位置"选项区中，设置X为-99，设置Y为-99；在"大小"选项区中，设置X和Y为0，如图8-120所示。

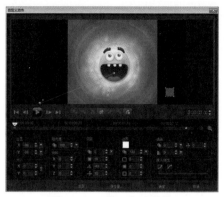

图 8-120 第一个关键帧

08 将时间线移到 0:00:02:12 的位置处，添加一个关键帧，在"位置"选项区中，设置 X 为 2，设置 Y 为 -20；在"大小"选项区中，设置 X 和 Y 为 13，如图 8-121 所示。

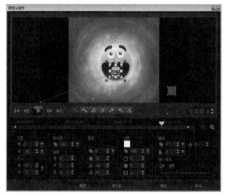

图 8-121 第二个关键帧

09 选择最后一个关键帧，在"位置"选项区中，设置 X 为 2，设置 Y 为 -26；在"大小"选项区中，设置 X 和 Y 为 0，如图 8-122 所示。

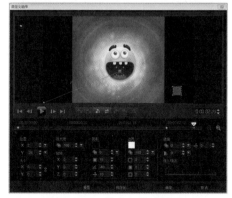

图 8-122 最后一个关键帧

10 设置完成后，单击"确定"按钮，即可自定义

路径动画。单击导航面板中的"播放"按钮，预览视频画面效果，如图 8-123 和图 8-124 所示。

图 8-123 预览效果（1）

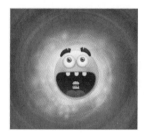

图 8-124 预览效果（2）

"自定义动作"对话框中部分按钮的含义如下。

● "原点"按钮 ◄◄：将时间线定位到时间轴中第一个关键帧的位置。

● "上一帧"按钮 ◄｜：将时间线定位到上一个关键帧的位置。

● "播放"按钮 ▶：播放或暂停视频运动效果。

● "下一帧"按钮 ｜▶：将时间线定位到下一个关键帧的位置。

● "结束"按钮 ▶▶：将时间线定位到时间轴中最后一个关键帧的位置。

● "添加关键帧"按钮 ➕：可以添加一个关键帧。

● "删除关键帧"按钮 ➖：可以删除一个关键帧。

● "转到上一个关键帧"按钮 ↻：将时间线转到前一个关键帧所在的位置。

● "翻转关键帧"按钮 ⇄：反向调整关键帧的位置。

● "关键帧左移"按钮 ◄：向左侧移动关键帧的位置，每单击一次，移动一帧的位置。

● "关键帧右移"按钮 ►：向右侧移动关键帧的位置，每单击一次，移动一帧的位置。

● "转到下一个关键帧"按钮 ：将时间线转到下一个关键帧所在的位置。

8.4.5 移除路径效果

在会声会影2018中，如果用户不需要在图像中添加路径效果，此时可以将路径效果进行删除操作，恢复图像至原始状态。下面介绍删除路径效果的操作方法。

1. 通过命令移除路径效果

在会声会影2018中，通过菜单栏中的"删除动作"命令移除路径效果的方法很简单。首先在视频轨或覆叠轨中选择需要移除路径效果的素材文件，然后在菜单栏中单击"编辑"|"删除动作"命令，如图 8-125 所示。执行操作后，即可移除素材中已添加的路径运动效果。

图 8-125 单击"删除动作"

2. 通过选项移除路径效果

在视频轨或覆叠轨中选择需要移除路径效果的素材文件，在素材文件上右键单击，在弹出的快捷菜单中选择"删除动作"选项，如图 8-126 所示。执行操作后，即可删除素材中已添加的路径运动效果。

图 8-126 选择"删除动作"选项

8.5 应用摇动与缩放效果

在会声会影2018中，摇动与缩放效果是针对图像而言的，在时间轴面板中添加图像文件后，即可在选项面板中为图像添加摇动和缩放效果，使静态的图像运动起来，增强画面的视觉感染力。本节主要介绍为素材应用摇动与缩放效果的操作方法。

8.5.1 实战——添加自动摇动和缩放动画 难点

难 度：	☆☆☆☆
素材文件：	素材\第8章\8.5.1
效果文件：	素材\第8章\8.5.1
在线视频：	第8章\8.5.1实战——添加自动摇动和缩放动画.mp4

使用会声会影2018默认提供的摇动和缩放功能，可以使静态图像产生动态的效果，使制作出来的影片更加生动、形象。下面将具体介绍如何添加自动摇动和缩放动画。

1. 通过命令添加动画效果

01 进入会声会影 2018 编辑器，在视频轨中插入一幅素材图像（素材\第 8 章\8.5.1\蓝天.jpg），如图 8-127 所示。

图 8-127 插入素材图像

02 在菜单栏中，单击"编辑"|"自动摇动和缩放"命令，如图 8-128 所示。

图 8-128 单击"自动摇动和缩放"命令

03 执行操作后，即可添加自动摇动和缩放效果。单击导航面板中的"播放"按钮，即可预览添加的摇动和缩放效果，如图8-129和图8-130所示。

图 8-129 预览效果（1）

图 8-130 预览效果（2）

2. 通过选项添加动画效果

01 进入会声会影 2018，在视频轨中插入一幅素材图像（素材\第 8 章\8.5.1\蓝天.jpg），如图 8-131 所示。

图 8-131 插入素材图像

02 在素材图像上，单击鼠标右键，在弹出的快捷菜单中选择"自动摇动和缩放"选项，如图 8-132 所示。

图 8-132 选择"自动摇动和缩放"选项

03 执行操作后，即可添加自动摇动和缩放效果。单击导航面板中的"播放"按钮，即可预览添加的摇动和缩放效果，如图 8-133 和图 8-134 所示。

图 8-133 预览效果（1）

图 8-134 预览效果（2）

3. 通过面板添加动画效果

01 进入会声会影编辑器，在视频轨中插入一幅素材图像（素材\第 8 章\8.5.1\风景.jpg），如图 8-135 所示。

图 8-135 插入素材图像

02 在"编辑"选项面板中，选中"摇动和缩放"单选按钮，如图 8-136 所示。

图 8-136 选中"摇动和缩放"单选按钮

03 执行操作后，即可添加自动摇动和缩放效果。单击导航面板中的"播放"按钮，即可预览添加的摇动和缩放效果，如图 8-137 和图 8-138 所示。

图 8-137 预览效果（1）

图 8-138 预览效果（2）

8.5.2 实战——添加预设的摇动和缩放效果 重点

难　　度：☆☆☆	
素材文件：素材\第8章\8.5.2	
效果文件：素材\第8章\8.5.2	
在线视频：第8章\8.5.2实战——添加预设的摇动和缩放效果.mp4	

会声会影2018中提供了多种预设的摇动和缩放效果，用户可根据实际需要进行相应选择和应用。下面介绍添加预设的摇动和缩放效果的方法。

01 进入会声会影编辑器，在视频轨中插入一幅素材图像（素材\第8章\8.5.2\人与宇宙.jpg），如图8-139所示。

图 8-139　插入素材图像

02 在预览窗口中，可以预览视频的画面效果，如图8-140所示。

图 8-140　预览效果

03 打开"照片"选项面板，选中"摇动和缩放"单选按钮，如图8-141所示。

04 单击"预设"右侧的下三角按钮，在弹出的列表框中选择第4排第1个摇动和缩放预设样式，如图8-142所示。

图 8-141　选中"摇动和缩放"单选按钮

图 8-142　选择"预设"模式

05 单击导航面板中的"播放"按钮，预览预设的摇动和缩放效果，如图8-143和图8-144所示。

图 8-143　预览效果（1）

图 8-144　预览效果（2）

8.5.3 实战——自定义摇动和缩放效果 难点

难　　度：☆☆☆☆☆	
素材文件：素材\第8章\8.5.3	
效果文件：无	
在线视频：第8章\8.5.3实战——自定义摇动和缩放效果.mp4	

在会声会影2018中，除了可以使用软件预置的摇动和缩放效果外，用户还可以根据需要对摇动和缩放属性进行自定义设置。下面介绍自定义摇动和缩放效果的操作方法。

01 进入会声会影2018，在视频轨中插入一幅素材图像（素材\第8章\8.5.3\红花.png），如图8-145所示。

02 在预览窗口中，可以预览视频的画面效果，如图8-146所示。

图 8-145 插入素材图像　　　　　图 8-146 预览效果

03 双击视频轨素材"红花 .jpg"，在"编辑"选项卡中的"重新采样选项"的下拉列表框中选择"调到项目大小"选项，如图 8-147 所示。

04 然后选中"摇动和缩放"单选按钮，单击"自定义"按钮，如图 8-148 所示。

图 8-147 选择"调到项目大小"选项　　　图 8-148 单击"自定义"按钮

05 执行操作后，弹出"摇动和缩放"对话框，如图 8-149 所示。

06 选择第一个关键帧，在对话框下方，设置"缩放率"为 167，在左侧的预览窗口中调整图像缩放位置，如图 8-150 所示。

图 8-149 "摇动和缩放"对话框

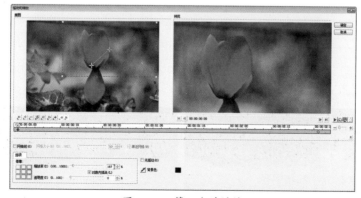

图 8-150 第一个关键帧

07 选择最后一个关键帧，设置"缩放率"为 120，在左侧的预览窗口中调整图像缩放位置，如图 8-151 所示。

08 设置完成后，单击"确定"按钮，返回会声会影编辑器。单击"播放"按钮，即可预览自定义的摇动和缩放效果，如图 8-152 和图 8-153 所示。

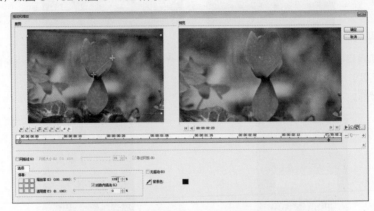

图 8-151 最后一个关键帧

图 8-152 预览效果（1）　　图 8-153 预览效果（2）

8.6 知识拓展

　　会声会影2018是一款强大的视频剪辑软件，我们能够通过它对各种视频进行编辑修改，将视频剪辑成自己想要的样子。会声会影2018中还有许多能够制造出视频效果的快捷功能，只要善加利用，就能够制作出很好的视频效果，用户需要自己多去使用这些功能。

8.7 拓展训练

素材文件：素材\第8章\拓展训练　｜　效果文件：素材\第8章\拓展训练　｜　在线视频：第8章\拓展训练.mp4

　　根据本章所学知识，自己制作出类似波浪轨迹的运动路径，并保存该路径，将其应用于小船图形中制作航海动画，效果如图 8-154所示。

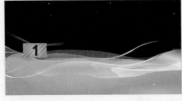 

图 8-154 最终效果

第 9 章

校正与剪辑视频画面

当一个视频制作成半成品时，我们需要对视频进行校正和剪辑处理，这样才能让视频效果实现最优化。在会声会影2018中，用户可以对素材进行色彩校正、添加白平衡和多重修剪素材等操作。本章将具体介绍如何校正与剪辑视频画面。

本章重点

素材画面校正
剪辑与保存视频素材
分割视频素材

9.1 视频校正处理

　　在日常拍摄时，由于自然环境或人为等因素，拍摄的素材往往会与实际所见到的景物产生一些色彩差异。为了达到精致的画面效果，对于色差严重的素材，往往需要进行一些校正处理，来使画面风格统一。本节将具体介绍在会声会影2018中如何对视频素材进行校正处理。

9.1.1 添加画面白平衡效果

　　通常在使用数码摄像机拍摄的时候都会遇到这样的问题：在日光灯下拍摄的影像会显得发绿，在室内钨丝灯光下拍摄出来的景物就会偏黄，而在日光阴影处拍摄到的照片则莫名其妙地偏蓝，其原因就在于"白平衡"的设置上。通过白平衡可以有效解决色彩还原和色调处理这一系列问题。

　　下面对图9-1所示各选项进行介绍。

● 自动 ：勾选"白平衡"复选框后，程序自动为素材计算白点，即自动设置白平衡。

● 选取颜色 ：单击该按钮后，可手动在预览窗口中选取白平衡基准点。

● 显示预览：勾选该复选框后，在右侧面板显示预览帧效果，如图9-2所示。

● 钨光 ：钨光白平衡也称为"白炽光"或"室内光"，用于校正偏黄或偏红的画面，一般适用于在钨光灯环境下拍摄的视频或照片素材。

● 荧光 ：适用于荧光灯环境下拍摄的素材，使用荧光灯校正的素材画面呈现偏蓝的冷色调。

● 日光 ：日光白平衡适用于灯光夜景、日出日落、烟花火焰等视频或照片素材。可校正色调偏红的素材。

● 云彩 ：适用于校正多云天气下拍摄的素材，可将昏暗处的光线调至原色状态。

● 阴暗 ：应用阴暗白平衡后，素材呈现偏黄的暖色调。适用于校正颜色偏蓝的素材。

● 阴影 ：应用阴暗白平衡后，素材呈现黄的暖色调。适用于校正颜色偏蓝的素材。

● 温度：通过输入数值或调整滑块调整温度值，范围为2000~13000。

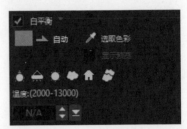

图9-1 勾选"白平衡"复选框

图9-2 勾选"显示预览"复选框

1. 钨光效果

　　钨光白平衡也称为"白炽灯"或"室内光"，可以修正偏黄或偏红的画面，一般适用于在钨光灯环境下拍摄的照片或视频素材。添加钨光后的效果（上为原图，下为效果图），如图 9-3所示。

图 9-3 预览效果

2. 荧光效果

荧光效果可以修正偏黄色调的视频或照片素材，一般适用于夜景素材。在会声会影2018中为素材画面添加日光效果后的对比（上为原图，下为效果图），如图9-4所示。

图 9-4 预览效果

3. 日光效果

日光效果可以修正色调偏红的视频或照片素材，一般适用于灯光夜景、日出、日落以及焰火等素材。在会声会影2018中为素材画面添加日光效果后的对比（上为原图，下为效果图），如图9-5所示。

图 9-5 预览效果

4. 云彩效果

在会声会影2018中，应用云彩效果可以使素材画面呈现偏黄的暖色调，同时可以修正偏蓝的照片。添加云彩效果的对比（上为原图，下为效果图），如图9-6所示。

图 9-6 预览效果

5. 阴影效果

在会声会影2018中，应用阴影效果可以修正偏蓝的图像素材，使部分蓝白色部分变为偏黄色调。添加阴影效果后的对比效果图（上为原图，下为效果图），如图9-7所示。

图 9-7 预览效果

6. 阴暗效果

在会声会影2018中，能够应用阴影效果来修整过于偏蓝的图像素材，使得蓝色部分变成暖色调，不那么刺眼。添加阴影效果前后的对比（上为原图，下为效果图），如图 9-8 所示。

图 9-8 预览效果

9.1.2 实战——添加荧光效果

难　　度：☆☆☆	
素材文件：素材\第9章\9.1.2	
效果文件：无	
在线视频：第9章\9.1.2实战——添加荧光效果.mp4	

在会声会影2018中，能够通过添加荧光效果来美化或修整图像素材或视频素材。下面将通过实例详细讲解如何为素材添加荧光效果。

01 进入会声会影 2018 编辑器，在故事板中插入一幅素材图像（素材＼第9章＼9.1.2＼夜景.png），如图9-9 所示。

02 在预览窗口中，可以预览素材画面效果，如图9-10 所示。

图 9-9 插入素材图像

图 9-10 预览效果

03 打开"照片"选项面板，单击"色彩校正"按钮，打开相应选项面板，勾选"白平衡"复选框，在下方单击"荧光"按钮 ，如图 9-11 所示。

04 在预览窗口中，可以预览添加荧光效果后的素材画面，如图 9-12 所示。

图 9-11 单击"荧光"按钮

图 9-12 预览效果

提示

如果用户对于设置的素材画面白平衡效果不满意，此时可以在选项面板中，取消勾选"白平衡"复选框，将素材画面还原至本身色彩。

9.1.3 素材画面色彩校正

在会声会影2018中，用户可以根据需要为视频素材调色，还可以对相应的视频素材进行剪辑操作，或者对视频素材进行多重修整操作，以使制作的视频更加符合用户的需求。会声会影2018提供了专业的色彩校正功能，用户可以轻松调整素材的亮度、对比度以及饱和度等，甚至还可以将影片调成具有艺术效果的色彩。会声会影2018中的校色面板如图9-13所示。

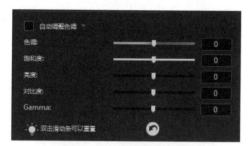

图 9-13　色彩校正面板

校色面板中的参数说明如下。

- **色调**：拖曳该选项右侧的滑块，可以调整素材画面的色调。

- **饱和度**：拖曳该选项右侧的滑块，可以调整素材画面的饱和度。

- **亮度**：拖曳该选项右侧的滑块，可以调整素材画面的亮度。

- **对比度**：拖曳该选项右侧的滑块，可以调整素材画面的对比度。

- **Gamma 值**：拖曳该选项右侧的滑块，可以调整素材画面的 Gamma 参数。

9.1.4　实战——调整画面色彩

难　　度：	☆☆☆
素材文件：	素材\第9章\9.1.4
效果文件：	素材\第9章\9.1.4
在线视频：	第9章\9.1.4 调整画面色彩.mp4

在会声会影2018中，如果用户对照片的色调不太满意，可以重新调整照片的色调。下面介绍调整素材画面色调的操作方法。

01 插入一幅素材图像（素材 \ 第 9 章 \9.1.4\ 花 . jpg），如图 9-14 所示。

02 在预览窗口中，可以预览素材的画面效果，如图 9-15 所示。

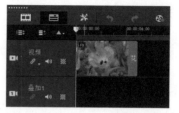

图 9-14　插入素材

图 9-15　预览效果

03 打开"校正"选项面板，在选项面板中，拖曳"色调"选项右侧的滑块，直至参数显示为 12，如图 9-16 所示。

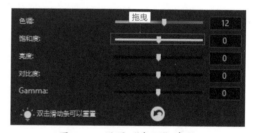

图 9-16　设置"色调"参数

04 在选项面板中，拖曳"饱和度"选项右侧的滑块，直至参数显示为 -45，如图 9-17 所示。

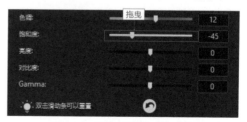

图 9-17　设置"饱和度"参数

05 在选项面板中，拖曳"亮度"选项右侧的滑块，直至参数显示为 24，如图 9-18 所示。

06 在选项面板中，拖曳"对比度"选项右侧的滑块，直至参数显示为 24，如图 9-19 所示。

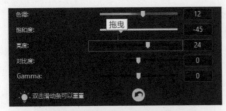

图 9-18 设置"亮度"参数

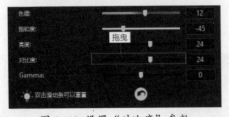

图 9-19 设置"对比度"参数

07 在选项面板中,拖曳"Gamma"选项右侧的滑块,直至参数显示为 -15,如图 9-20 所示。

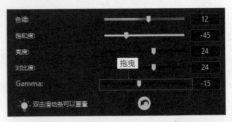

图 9-20 设置"Gamma"参数

08 在预览窗口中,可以预览更改色调后的图像素材效果,如图 9-21 所示。

图 9-21 预览效果

9.2 剪辑与保存视频素材 重点

在会声会影2018中,用户可以对视频素材进行相应的剪辑。剪辑视频素材在视频制作中起着极为重要的作用,用户可以去除视频素材中不需要的部分,并将最精彩的部分应用到视频中。掌握一些常用的视频剪辑方法,可以制作出更为流畅、完美的影片。本节主要介绍在会声会影2018中剪辑与保存视频素材的方法。

9.2.1 实战——单击按钮剪辑视频

难　　度:	☆☆☆
素材文件:	素材\第9章\9.2.1
效果文件:	素材\第9章\9.2.1
在线视频:	第9章\9.2.1实战——单击按钮剪辑视频.mp4

在会声会影2018中,用户可以通过多种方法剪辑视频素材。下面介绍通过单击按钮来剪辑视频素材的操作方法。

01 进入会声会影 2018 编辑器,在故事板中插入一段视频素材(素材\第 9 章\9.2.1\光斑 .mp4),如图 9-22 所示。

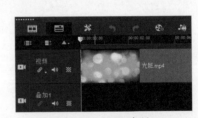

图 9-22 视频素材

02 在时间轴视图中将时间线移到 5 秒的位置处,如图 9-23 所示。

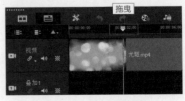

图 9-23 移动时间线

03 在导航面板中，单击"根据滑轨位置分割素材"按钮 ✂，如图 9-24 所示。

图 9-24 单击"根据滑轨位置分割素材"按钮

04 执行操作后，即可将视频素材分割为两段，如图 9-25 所示。

图 9-25 分割素材

05 在时间轴面板的视频轨中，再次将时间线移至 00:00:07:20 的位置处，如图 9-26 所示。

图 9-26 移动时间线

06 在导航面板中，单击"根据滑轨位置分割素材"按钮 ✂，再次对视频素材进行分割操作，如图 9-27 所示。

图 9-27 分割素材

07 在导航面板中单击"播放"按钮，预览剪辑后的视频画面效果，如图 9-28 所示。

图 9-28 预览效果

9.2.2 实战——用时间轴剪辑视频

难　度：	☆☆☆
素材文件：	素材\第9章\9.2.2
效果文件：	素材\第9章\9.2.2
在线视频：	第9章\9.2.2 实战—用时间轴剪辑视频.mp4

下面介绍通过时间轴剪辑视频的操作方法。

01 在视频轨中插入一段视频素材（素材\第9章\9.2.2\唯美梦幻.avi），如图 9-29 所示。

图 9-29 插入视频素材

02 在时间轴面板中，将时间线移至 00:00:03:00，如图 9-30 所示。

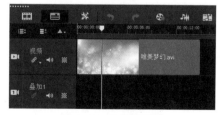

图 9-30 移动时间线

03 在导航面板中，单击"开始标记"按钮 **[**，如图 9-31 所示。

图 9-31 单击"开始标记"按钮

04 此时，在时间轴上方会显示一条橘红色线条，如图 9-32 所示。

图 9-32 显示橘红色线条

05 在时间轴面板中，再次将时间线移至 00:00:06:00 的位置处，如图 9-33 所示。

图 9-33 拖动时间线

06 在导航面板中，单击"结束标记"按钮 **]**，确定视频的终点位置，如图 9-34 所示。

图 9-34 单击"结束标记"按钮

07 此时，视频片段中选定的区域将以橘红色线条表示，如图 9-35 所示。

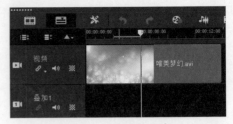

图 9-35 选定的区域

08 在导航面板中单击"播放"按钮，预览剪辑后的视频画面效果，如图 9-36 所示。

图 9-36 预览效果

相关链接

在时间轴面板中，将时间线定位到视频片段中的相应位置，按 F3 键，可以快速设置开始标记；按 F4 键，可以快速设置结束标记。此外，在会声会影 2018 中设置视频开始标记与结束标记时，如果按快捷键 F4 没反应，可能是会声会影的快捷键与其他应用程序的快捷键发生冲突所导致的情况。此时关闭目前打开的所有应用程序，然后重新启动会声会影，即可激活软件中的快捷键。

09 回到会声会影 2018 工作界面，重新在视频轨中插入一段视频素材（素材\第 9 章\9.2.2\水.mov），在视频轨中可以查看视频素材的长度，如图 9-37 所示。

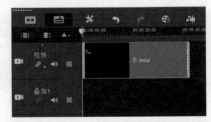

图 9-37 插入视频素材

10 在导航面板中，将鼠标指针移至滑轨起始修整标记上，此时鼠标指针呈双向箭头形状，如图 9-38 所示。

图 9-38 将鼠标指针移至滑轨起始

11 在起始修整标记上，按住鼠标左键并向右拖曳，至合适位置后释放鼠标左键，即可剪辑视频的起始片段，如图 9-39 所示。

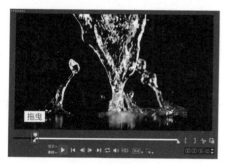

图 9-39 拖曳标记

12 在导航面板中，将鼠标指针移至滑轨结束修整标记上，此时鼠标指针呈双向箭头形状，如图 9-40 所示。

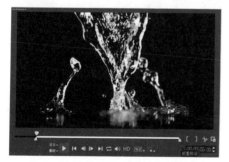

图 9-40 将鼠标指针移至滑轨结束

13 在结束修整标记上，按住鼠标左键并向左拖曳，至合适位置后释放鼠标左键，即可剪辑视频的结束片段，如图 9-41 所示。

14 在时间轴面板的视频轨中，将显示被修整标记剪辑留下来的视频片段，视频长度也将发生变化，如图 9-42 所示。

图 9-41 拖曳标记

图 9-42 视频轨素材

15 在导航面板中单击"播放"按钮，预览剪辑后的视频画面效果，如图 9-43 和图 9-44 所示。

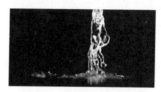

图 9-43 预览效果（1）

图 9-44 预览效果（2）

9.2.3 实战——通过视频轨剪辑视频

难　度：☆☆☆	
素材文件：素材\第9章\9.2.3	
效果文件：无	
在线视频：第9章\9.2.3实战——通过视频轨剪辑视频.mp4	

下面介绍通过视频轨剪辑视频的操作方法。

01 在视频轨中插入一段视频素材（素材\第9章\9.2.3\泡泡绿.mp4），在视频轨中可以查看视频素材的长度，如图 9-45 所示。

图 9-45 插入视频素材

02 在视频轨中，将鼠标指针移至时间轴面板中的视频素材的末端位置，此时鼠标指针呈双向箭头形状，如图 9-46 所示。

图 9-46 将鼠标指针移至末端位置

03 在视频末端位置处，按住鼠标左键并向左拖曳，显示虚线框，表示视频将要剪辑的部分，如图 9-47 所示。

图 9-47 向左拖拽

04 释放鼠标左键，即可剪辑视频末端位置的片段，如图 9-48 所示。

图 9-48 剪辑视频

05 在导航面板中单击"播放"按钮，预览剪辑后的视频画面效果，如图 9-49 和图 9-50 所示。

图 9-49 预览效果（1）

图 9-50 预览效果（2）

9.3 按场景分割视频素材

在会声会影2018中，使用按场景分割功能，可以将不同场景下拍摄的视频内容分割成多个不同的视频片段。对于不同类型的文件，场景检测也有所不同，如DV或AVI文件，可以根据录制时间及内容结构来分割场景；而对于MPEG-1和MPEG-2文件，则只能按照内容结构来分割视频文件。

9.3.1 实战——在素材库或故事板中分割场景

难　度：☆☆☆☆
素材文件：素材\第9章\9.3.1
效果文件：无
在线视频：第9章\9.3.1实战——在素材库或故事板中分割场景.mp4

在会声会影2018中，按场景分割视频功能非常强大，在制作专业的视频时，这个功能也是常用到的。下面将通过练习介绍两种在素材库中分割场景的方法。

01 进入媒体素材库，在素材库中的空白位置上右键单击，在弹出的快捷菜单中，选择"插入媒体文件"选项，如图9-51所示。

02 弹出"浏览媒体文件"对话框，在其中选择需要按场景分割的视频素材（素材\第9章\9.3.1\泡泡红.wmv），如图9-52所示。

图 9-51 选择"插入媒体文件"选项

图 9-52 "浏览媒体文件"对话框

03 单击"打开"按钮，即可在素材库中添加选择的视频素材，如图9-53所示。

图 9-53 添加的素材

04 在菜单栏中，单击"编辑"|"按场景分割"命令，如图9-54所示。

图 9-54 单击"按场景分割"命令

05 执行操作后，弹出"场景"对话框，其中显示了一个视频片段，单击左下角的"扫描"按钮，如图9-55所示。

图 9-55 单击"扫描"按钮

06 执行上述操作后，单击"确定"按钮，即可在素材库中显示按照场景分割的视频素材，如图9-56所示。

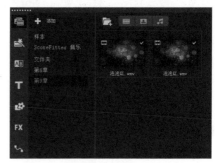

图 9-56 素材库素材

07 选择相应的场景片段，在预览窗口中可以预览视频的场景画面，如图9-57和图9-58所示。

图 9-57 预览效果（1）

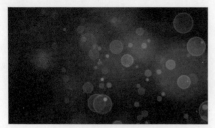

图 9-58 预览效果（2）

08 执行完上述操作后，回到会声会影 2018 工作界面，接下来学习第二种方法。在故事板中插入一段视频素材（素材\第 9 章\9.3.1\彩色光斑.mp4），如图 9-59 所示。

09 选择需要分割的视频文件，单击鼠标右键，在弹出的快捷菜单中选择"按场景分割"选项，如图 9-60 所示。

图 9-59 插入视频素材

图 9-60 选择"按场景分割"选项

10 弹出"场景"对话框，单击"扫描"按钮，如图 9-61 所示。

图 9-61 单击"扫描"按钮

11 执行上述操作后，分割完成，单击"确定"按钮，返回会声会影编辑器。在故事板中显示了分割的多个场景片段，如图 9-62 所示。

12 切换至时间轴视图，在视频轨中也可以查看分割的视频效果，如图 9-63 所示。

图 9-62 故事板素材

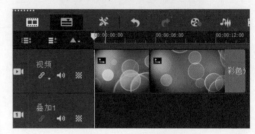

图 9-63 时间轴视图

13 选择相应的场景片段，在预览窗口中可以预览视频的场景画面，效果如图 9-64 和图 9-65 所示。

图 9-64 预览效果（1）

图 9-65 预览效果（2）

9.3.2 单一素材剪辑操作

在会声会影2018中，用户可以对媒体素材库中的视频素材进行单修整操作，然后将修整后的视频插入到视频轨中。单素材剪辑的操作界面及操作步骤如图9-66所示。

图 9-66　"单修整"界面及操作

9.4 多重修整视频素材

如果需要从一段视频中间一次修整出多个片段，可以使用"多重修整视频"功能。该功能相对于"按场景分割"功能而言更为灵活，用户还可以在已经标记了起始点和终点的修整素材上进行更为精细的修整。本节主要介绍多重修整视频素材的操作方法。

9.4.1 多重修整视频功能

多重修整视频操作之前，首先需要打开"多重修剪视频"对话框。其方法很简单，只需在菜单栏中单击"多重修整视频"命令即可。

图 9-68　单击"多重修整视频"命令

将视频素材添加至素材库中，然后将素材拖曳至故事板中，在视频素材上右键单击，在弹出的快捷菜单中选择"多重修整视频"选项，如图 9-67所示。或者，在菜单栏中单击"编辑"|"多重修整视频"命令，如图 9-68所示。

执行操作后，即可弹出"多重修剪视频"对话框，拖拽对话框下方的滑块，即可预览视频画面，如图 9-69所示。

图 9-67　选择"多重修整视频"选项

图 9-69　"多重修剪视频"对话框

"多重修剪视频"对话框中各主要选项含义如下。

- "反转选取"按钮 ：可以反向选取视频素材的片段。

- "往后搜寻"按钮 ◀◀：可以将时间线定位到视频第 1 帧的位置。

- "往前搜寻"按钮 ▶▶：可以将时间线定位到视频最后 1 帧的位置。

- "自动检测电视广告"按钮 🎬：可以自动检测视频片段中的电视广告。

- "检测敏感度"选项区：在该选项区中，包含低、中、高 3 种敏感度设置，用户可根据实际需要进行相应选择。

- "播放修剪的视频"按钮 ▬：可以播放修整后的视频片段。

- "修整的视频区间"面板：在该面板中，显示了修整的多个视频片段文件。

- "设置开始标记"按钮 【：可以设置视频的开始标记位置。

- "设置结束标记"按钮 】：可以设置视频的结束标记位置。

- "转到特定的时间码" 0:00:01.14 ：可以转到特定的时间码位置，用于精确剪辑视频帧位置时非常有效。

9.4.2 快速搜索间隔

在"多重修剪视频"对话框中，设置"快速搜索间隔"为0:00:04:00，如图 9-70所示。

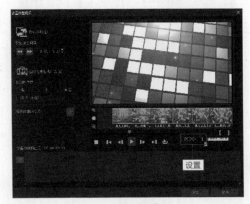

图 9-70 设置参数

单击"向前搜索"按钮 ▶▶，即可快速搜索视频间隔，如图 9-71所示。

图 9-71 单击"向前搜索"按钮

9.4.3 标记视频片段

在"多重修剪视频"对话框中进行相应的设置，可以标记视频片段的起点和终点，以修剪视频素材。在"多重修剪视频"对话框中，将滑块拖曳至合适位置后，单击"设置开始标记"按钮 【，如图 9-72所示，确定视频的起始点。

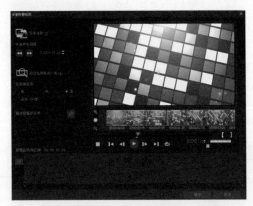

图 9-72 单击"设置开始标记"按钮

单击预览窗口下方的"播放"按钮，播放视频素材，至合适位置后单击"暂停"按钮。单击"设置结束标记"按钮 】，确定视频的终点，选定的区间即可显示在对话框下方的列表框中，完成标记第一个修整片段起点和终点的操作，如图 9-73所示。

图 9-73 单击"设置结束标记"按钮

单击"确定"按钮，返回会声会影2018。在导航面板中单击"播放"按钮，即可预览标记的视频片段效果，如图9-74所示。

图 9-74 预览效果

9.4.4 删除所选素材

在"多重修剪视频"对话框中，将滑块拖曳至合适位置后，单击"设置开始标记"按钮【。然后单击预览窗口下方的"播放"按钮，查看视频素材，至合适位置后单击"暂停"按钮。单击"设置结束标记"按钮】，确定视频的终点位置。此时选定的区间即可显示在对话框下方的列表框中，单击"修正的视频区间"面板中的"删除所选素材"按钮 X，如图9-75所示。

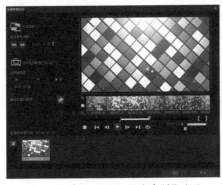

图 9-75 单击"删除所选素材"按钮

9.4.5 修整更多片段

在会声会影2018中，可以在"多重修剪视频"对话框中通过单击部分按钮进行更多片段的修整。"多重修剪视频"对话框如图 9-76 所示。

图 9-76 "多重修剪视频"对话框

9.4.6 实战——精确标记片段

难　　度：☆☆☆	
素材文件：素材\第9章\9.4.6	
效果文件：素材\第9章\9.4.6	
在线视频：第9章\9.4.6实战——精确标记片段.mp4	

在会声会影2018中，不仅能够在"多重修剪视频"对话框中修整更多片段，还可以在对话框中精确标记片段。下面介绍如何精确标记片段。

01 进入会声会影 2018，在视频轨中插入一段视频素材（素材\第 9 章\9.4.6\水 .mov），如图9-77 所示。

02 在视频素材上右键单击，在弹出的快捷菜单中选择"多重修整视频"选项，如图9-78 所示。

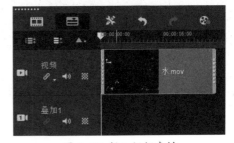

图 9-77 插入视频素材

图 9-78 选择"多重修整视频"选项

03 执行操作后，弹出"多重修整视频"对话框，单击"设置开始标记"按钮 **[**，标记视频的起始位置，如图 9-79 所示。

图 9-79 单击"设置开始标记"按钮

04 在"转到特定时间码"文本框中输入 0:00:04:00，即可将时间线定位到视频中第 4 秒的位置处，然后单击"设置结束标记"按钮 **]**。选定的区间将显示在对话框下方的列表框中，如图 9-80 所示。

图 9-80 定位时间线

05 执行上述操作后，单击"确定"按钮，返回会声会影编辑器，在视频轨中显示了刚剪辑的视频片段，如图 9-81 所示。

06 切换至故事板视图，在其中可以查看剪辑的视频区间参数，如图 9-82 所示。

图 9-81 视频轨素材

图 9-82 故事板视图

07 在导航面板中单击"播放"按钮，预览剪辑后的视频画面效果，如图 9-83 和图 9-84 所示。

图 9-83 预览效果（1）

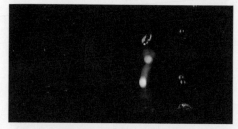

图 9-84 预览效果（2）

9.5 知识拓展

　　本章一共介绍了4个小节，通过这几个小节，我们能够学习如何利用会声会影2018对原视频进行画面的校正和剪辑。掌握了这些基本的方法，我们就能够延伸出更多的剪辑技巧，比如切入切出、淡出淡入、化入化出等，也可以学习"蒙太奇"的剪辑手法。视频剪辑也有许多错误的方式，比如在一系列动态画面中，不要突然出现一张静态的照片，这样不符合人眼的视觉习惯，令人看起来比较难受。相反也是一样，静态画面中出现动态视频也会产生同样的效果。当然，这些都是在不配合背景音乐的前提下。注意保持前后两个视频的视频分辨率统一，保持前后画面大小一致，这样才能使画面达到最佳的视觉效果。最后需要提到的是，画面相互切换的时候用1~2帧的视频叠化代替直接切换的效果，这样的过渡会显得比较自然一点。

9.6 拓展训练

素材文件：素材\第9章\拓展训练　　｜　　效果文件：视频\第9章\拓展训练　　｜　　在线视频：第9章\拓展训练.mp4

　　根据本章所学知识，调整素材画面的饱和度，并制作出相应视频，效果如图9-85所示。

图9-85 最终效果

第 **10** 章

制作专业滤镜特效

在电影中经常会看到一些梦幻、变形、发光等奇特的画面效果，这些效果并不是拍摄出来的，而是通过后期制作出来的。在会声会影2018中，通过使用"滤镜"功能，可以帮助用户轻松制作出以上效果。

本章重点

添加与删除滤镜效果

应用各种滤镜效果

选择滤镜样式

10.1 了解滤镜和选项面板

滤镜的操作非常简单，但是真正用起来却很难恰到好处。滤镜通常需要同通道、图层等联合使用，才能取得最佳艺术效果。如果想在最适当的时候应用滤镜到最适当的位置，除了具有美术功底之外，还需要用户对滤镜的熟悉和操控能力，甚至需要具有很丰富的想象力。本节将具体介绍滤镜和选项面板。

10.1.1 了解视频滤镜

滤镜是更改视频素材显示效果的方法，例如马赛克和涟漪（见图10-1和图10-2）等。它可以作为一种纠正方式来修正拍摄错误，也可以有创意地将其用来为视频实现特定的效果。越来越多的滤镜特效出现在各种影视节目中，它可以掩盖由于拍摄造成的缺陷，并且可以使美丽的画面更加生动、绚丽多彩，从而创作出非常神奇的、变幻莫测的、媲美好莱坞大片的视觉效果。

视频滤镜是指可以应用到视频素材上的效果，它可以改变视频文件的外观和样式。滤镜可以套用于素材的每一个画面上，并设定开始和结束值，而且可以控制起始帧和结束帧之间的滤镜强弱与速度。

图 10-1 "马赛克"滤镜效果

图 10-2 "涟漪"滤镜效果

10.1.2 掌握滤镜"属性"选项面板 重点

在会声会影2018中，用户不仅可以使用滤镜而且可以自定义滤镜，可以根据个人需要对滤镜进行调整。在"效果"选项面板中，可以替换滤镜、自定义滤镜、交换或删除滤镜等，具体如图10-3所示。

图 10-3 选项面板界面

滤镜"属性"选项面板中各个选项的名称和功能见表10-1。

表 10-1 各选项名称及功能

名称	功能及说明
替换上一个滤镜	勾选该复选框，将新滤镜应用到素材中时，将会替换素材中已经应用的滤镜。如果希望在素材中应用多个滤镜，则不勾选此复选框
已用滤镜	显示已经应用到素材中的视频滤镜列表
上移滤镜	单击该按钮可以调整视频滤镜在列表中的位置，使当前所选择的滤镜提前应用
下移滤镜	单击该按钮可以调整视频滤镜在列表中的位置，使当前所选择的滤镜延后应用

名称	功能及说明
删除滤镜 ✖	单击该按钮可以从视频滤镜列表中删除所选择的视频滤镜
预设 🖼️▾	会声会影为滤镜效果预设了多种不同的类型，单击右侧的下三角按钮，从弹出的下拉列表中可以选择不同的预设类型，并将其应用到素材中
自定义滤镜 🔁	单击"自定义滤镜"按钮，在弹出的对话框中可以自定义滤镜属性。根据所选滤镜类型的不同，在弹出的对话框中设置不同的选项参数
变形素材	勾选该复选框，可以拖动控制点任意倾斜或者扭曲视频轨中的素材，使视频应用变得更加自由
显示网格线	勾选该复选框，可以在预览窗口中显示网格线效果
自定义网格线	此按钮必须在勾选了"显示网格线"的前提下才能单击，单击该按钮可以自定义网格线的属性

10.1.3 掌握滤镜特效属性 设置 重点

当用户为视频添加相应的滤镜效果后，单击选项面板中的"自定义滤镜"按钮，在弹出的对话框中可以设置滤镜特效的相关属性，以使制作的视频滤镜更符合用户的需求。

在会声会影2018中，利用视频滤镜可以模拟各种艺术效果来对素材进行美化，为素材添加闪电或气泡等效果，从而制作出精美的视频作品，如图10-4和图10-5所示。

添加视频滤镜后，滤镜效果将会应用到视频素材的每一帧上，可以通过调整滤镜的属性来控制起始帧到结束帧之间的滤镜强度、效果和速度等。图10-6所示为应用"闪电"滤镜

后，在"属性"面板中单击"自定义滤镜"按钮 🔁 弹出的"闪电"对话框。

图 10-4 原图效果

图 10-5 "闪电"滤镜效果

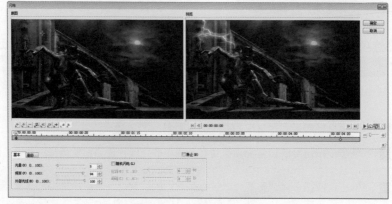

图 10-6 "闪电"对话框

在"闪电"对话框中，最基本的选项含义见表 10-2。

表 10-2　基本选项的名称及说明

名称	功能及说明
原图	该区域显示的图像为应用视频滤镜前的效果
预览	该区域显示的图像为应用视频滤镜后的效果
转到上一个关键帧	单击该按钮，可以使上一个关键帧处于编辑状态
添加关键帧	单击该按钮，可以将当前帧设置为关键帧
删除关键帧	单击该按钮，可以删除选定的关键帧
翻转关键帧	单击该按钮，可以翻转时间轴中关键帧的顺序。视频序列将从终止关键帧开始到起始关键帧结束
将关键帧移到左边	单击该按钮，可以将关键帧向左侧移动一帧
将关键帧移到右边	单击该按钮，可以将关键帧向右侧移动一帧
转到下一个关键帧	单击该按钮，可以使下一个关键帧处于编辑状态
淡入	单击该按钮，可以设置视频滤镜的淡入效果
淡出	单击该按钮，可以设置视频滤镜的淡出效果
转到起始帧	单击该按钮，可以回到第一个起始帧
左移一帧	单击该按钮，可以向左侧移动一帧
右移一帧	单击该按钮，可以向右侧移动一帧
转到终止帧	单击该按钮，可以回到最后的终止帧
播放	单击该按钮，可以开始播放预览画面
播放速度	单击该按钮，可以改变预览画面播放的速度
启用设备	单击该按钮，可以使用外部的设备进行播放，如DV摄像机
更换设备	在单击了"启用设备"按钮的前提下才能单击此按钮，单击此按钮，可以选择播放设备或更换设备属性

名称	功能及说明
缩放控件 ◼＋	使用该控件，可以使时间轴放大或放小
显示\隐藏设置 ⤢	单击该按钮，可以展开或隐藏设置面板

在"闪电"对话框中，"基本"选项卡中各项功能名称和说明见表 10-3。

表 10-3　"基本"选项卡各项功能名称及说明

名称	功能及说明
光晕	改变此参数，能够增强或减弱闪电周围的光晕；若此参数为0，则只剩下闪电线条本身
频率	改变此参数，能够改变闪电的运动频率和运动方向；若此参数为0，则闪电只在畸形右边运动
外部光线	改变此参数，能够改变闪电外部的明暗度；若此参数为0，则背景为纯黑色
随机闪电	勾选该复选框，能够产生随机的闪电效果，只有勾选了该复选框才能改变"区间"和"间隔"参数
区间	改变此参数，能够改变闪电出现的区间；若此参数为1，闪电出现的区间就只有一帧
间隔	改变此参数，能够改变随机闪电间的间隔时间；若此参数为1，则每1秒出现一个闪电效果
静止	勾选该复选框，能够使闪电静止，仅本身特效变化，位置不发生变化

在"闪电"对话框中，"高级"选项卡中各项功能名称和说明见表 10-4。

表 10-4　"高级"选项卡各功能名称及说明

名称	功能及说明
闪电色彩	改变此填写框，能够改变闪电的色彩
因子	改变此参数，能够改变闪电分枝的因子数目
幅度	改变此参数，能够改变闪电的运动幅度；若此参数为1，则闪电变为一条直线
亮度	改变此参数，能够改变闪电分枝的亮度
阻光度	改变此参数，能够改变闪电的明暗度；若此参数为0，则闪电消失
长度	改变此参数，能够改变闪电分枝的长度

10.2 滤镜的基本操作

在滤镜使用的过程中，最基础的就是添加、删除与替换滤镜效果的操作，想要制作出专业的滤镜特效，必须要有扎实基础。本节将具体介绍添加、删除与替换滤镜效果等一些基本操作。

10.2.1 实战——修改滤镜效果 🔴重点

难　度：☆☆☆
素材文件：素材\第10章\10.2.1
效果文件：素材\第10章\10.2.1
在线视频：第10章\10.2.1实战——修改滤镜效果.mp4

用户为视频素材添加视频滤镜后，如果发现添加的滤镜所产生的效果并不是自己所需要的，可以选择其他视频滤镜来替换现有的视频滤镜。下面介绍替换视频滤镜的操作方法。

01 进入会声会影 2018 编辑器，单击"文件"|"打开项目"命令，打开一个项目文件（素材\第10章\10.2.1\雪山 .VSP），如图 10-7 所示。

图 10-7　项目文件

02 单击"播放"按钮，预览视频画面效果，如图 10-8 所示。

图 10-8　预览效果

03 打开"属性"选项面板，勾选"替换上一个滤镜"复选框，如图 10-9 所示。

图 10-9　勾选"替换上一个滤镜"复选框

04 打开"自然绘图"滤镜组，在其中选择"自动草绘"滤镜效果，如图 10-10 所示。将它拖到视频轨素材"雪山 .jpg"上。

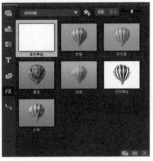

图 10-10　选择"自动草绘"滤镜效果

05 在导航面板中单击"播放"按钮，预览替换的视频滤镜效果，如图 10-11 和图 10-12 所示。

图 10-11　预览效果（1）

图 10-12　预览效果（2）

10.2.2 实战——选择滤镜样式 🔴重点

难　度：☆☆☆
素材文件：素材\第10章\10.2.2
效果文件：无
在线视频：第10章\10.2.2实战——选择滤镜样式.mp4

在会声会影2018中，每一个视频滤镜都会提供多个预设的滤镜样式。下面介绍选择滤镜预设样式的操作方法。

01 启动会声会影 2018 进入工作界面，用鼠标右键单击视频轨，在弹出的快捷菜单中选择"插入照片"命令，添加图像素材"薰衣草 .jpg"（素材\第 10 章\10.2.2\薰衣草 .jpg），如图 10-13 所示。

图 10-13 添加素材

02 用鼠标右键单击视频轨中素材"薰衣草.jpg",在弹出的快捷菜单中选择"打开选项面板"命令,在"编辑"选项卡中的"重新采样选项"下拉列表中选择"调到项目大小",如图 10-14 所示。

图 10-14 选择"调到项目大小"

03 单击"滤镜"按钮█,在"全部"素材库中选择"动态模糊"滤镜,单击并按住鼠标左键将它拖曳到视频轨中的"薰衣草.jpg"素材上,如图 10-15 所示。

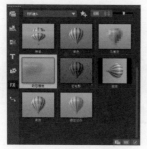

图 10-15 选择滤镜效果

04 用鼠标右键单击视频轨中素材"薰衣草 2.jpg",在弹出的快捷菜单中选择"打开选项面板"命令,在"属性"选项卡中的"预设模式"中选择第二个预设效果,如图 10-16 所示。

图 10-16 选择预设效果

05 选择预设模式完成,最终预览效果如图 10-17 和图 10-18 所示。

图 10-17 预览效果（1）

图 10-18 预览效果（2）

10.3 各类型滤镜的具体应用

10.3.1 实战——应用"二维映射"滤镜

难　　度：☆☆☆☆☆
素材文件：素材\第10章\10.3.1
效果文件：无
在线视频：第10章\10.3.1实战——应用"二维映射"滤镜.mp4

"二维映射"是滤镜素材库中的一个类别,这个类别中的滤镜共有6个,它们具备"二维映射"特点。

在会声会影2018中,应用"漩涡"滤镜能够扭曲视频素材或图像素材的画面,制造漩涡的视觉效果。下面具体讲解"漩涡"滤镜的操作方法。

01 启动会声会影 2018 进入工作界面,用鼠标右键单击视频轨,在弹出的快捷菜单中选择"插入照片"命令,添加图像素材"黑洞.jpg"（素材\第 10 章\10.3.1\黑洞.jpg）,如图 10-19 所示。

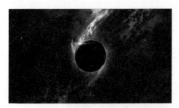

图 10-19 添加素材

02 单击"滤镜"按钮 **FX**，在"二维映射"素材库中选择"漩涡"滤镜，用鼠标左键将它拖到视频轨中的"黑洞.jpg"素材上，如图 10-20 所示。

图 10-20 选择滤镜效果

03 用鼠标右键单击视频轨中素材"黑洞.jpg"，在弹出的快捷菜单中选择"打开选项面板"命令，

在"编辑"选项卡中调整视频轨素材"黑洞.jpg"区间为 13 秒，如图 10-21 所示。

图 10-21 调整区间

04 然后在"属性"选项卡中单击"自定义滤镜"按钮，如图 10-22 所示。

图 10-22 单击"自定义滤镜"按钮

05 弹出"漩涡"面板，选择第一个关键帧，勾选"顺时针"复选框，设置扭曲参数为 0，如图 10-23 所示。

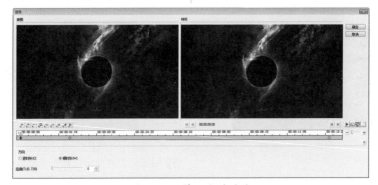

图 10-23 第一个关键帧

06 在时间轴（00:00:02:00）处，创建第二个关键帧，设置扭曲参数为 0，如图 10-24 所示。

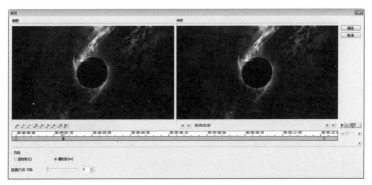

图 10-24 第二个关键帧

07 选择最后一个关键帧，设置扭曲参数为 535，如图 10-25 所示。

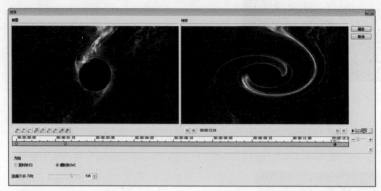

图 10-25 最后一个关键帧

08 添加"漩涡"滤镜成功，最终预览效果如图 10-26 和图 10-27 所示。

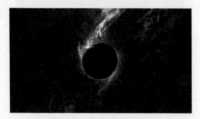

图 10-26 预览效果（1）

图 10-27 预览效果（2）

10.3.2 实战——应用"三维纹理映射"滤镜 难点

难 度:	☆☆☆☆☆
素材文件:	素材\第10章\10.3.2
效果文件:	无
在线视频:	第10章\10.3.2实战——应用"三维纹理映射"滤镜.mp4

会声会影2018中，"三维纹理映射"这个类别中共有3个滤镜效果：鱼眼、往内挤压和往外扩张。

以"往内挤压"滤镜为例，使用该滤镜能够将视频素材或图像素材的某处画面缩小处理，制造出陷进去的视觉效果。下面介绍应用"往内挤压"滤镜的操作方法。

01 启动会声会影2018进入工作界面，用鼠标右键单击视频轨，在弹出的快捷菜单中选择"插入照片"命令，添加图像素材"隧道.jpg"（素材\第10章\10.3.2\隧道.jpg），如图10-28所示。

图 10-28 添加素材

02 用鼠标右键单击视频轨中素材"隧道.jpg"，在弹出的快捷菜单中选择"打开选项面板"命令，在"编辑"选项卡中的"重新采样选项"下拉列表中选择"调到项目大小"，如图 10-29 所示。

图 10-29 选择"调到项目大小"

03 单击"滤镜"按钮，在"三维纹理映射"素材库中选择"往内挤压"滤镜，用鼠标左键将它拖到视频轨中的"隧道.jpg"素材上,如图 10-30 所示。

图 10-30 选择"往内挤压"滤镜　图 10-31 单击"自定义滤镜"按钮

04 用鼠标右键单击视频轨中素材"隧道.jpg",在弹出的快捷菜单中选择"打开选项面板"命令,在"属性"选项卡中单击"自定义滤镜"按钮,如图 10-31 所示。

05 弹出"往内挤压"面板,选择第一个关键帧,设置因子参数为 1,如图 10-32 所示。

图 10-32 第一个关键帧

06 选择最后一个关键帧,设置因子参数为 100,如图 10-33 所示。

图 10-33 最后一个关键帧

07 添加"往内挤压"滤镜成功,最终预览效果如图 10-34 和图 10-35 所示。

图 10-34 预览效果(1)　　　图 10-35 预览效果(2)

10.3.3 实战——应用"调整"滤镜

难　　度:	☆☆☆☆
素材文件:	素材\第10章\10.3.3
效果文件:	无
在线视频:	第10章\10.3.3实战——应用"调整"滤镜.mp4

会声会影2018中，"调整"这个类别中共有7个滤镜效果：高级降噪、抵消摇动和去除马赛克等，这些都是用于对图像素材进行调整的滤镜。

以"视频摇动与缩放"滤镜为例，使用该滤镜能够让视频或图像进行摇动与缩放运动，营造出展示的效果。下面介绍应用"视频摇动与缩放"滤镜的操作方法。

01 启动会声会影2018进入工作界面，用鼠标右键单击视频轨，在弹出的快捷菜单中选择"插入照片"命令，添加图像素材"三小孩.jpg"（素材\第10章\10.3.3\三小孩.jpg），如图10-36所示。

图 10-36 添加素材

02 单击"滤镜"按钮 FX，在"调整"素材库中选择"视频摇动与缩放"滤镜，用鼠标左键将它拖到视频轨中的"三小孩.jpg"素材上，如图10-37所示。

03 用鼠标右键单击视频轨中素材"三小孩.jpg"，在弹出的快捷菜单中选择"打开选项面板"命令，在"编辑"选项卡中的"重新采样选项"下拉列表中选择"调到项目大小"，如图10-38所示。

图 10-37 选择滤镜效果

图 10-38 选择"调到项目大小"

04 用鼠标右键单击视频轨中素材"三小孩.jpg"，在弹出的快捷菜单中选择"打开选项面板"命令，在"属性"选项卡中单击"自定义滤镜"按钮，如图10-39所示。

图 10-39 单击"自定义滤镜"按钮

05 弹出"视频摇动与缩放"面板，选择第一个关键帧，勾选"网格线"复选框，在"原图"面板中，将第一帧的十字准心移动到网格线的中间，设置"缩放率"参数为165，如图10-40所示。

06 选择最后一个关键帧，在"原图"面板中，将最后一帧的十字准心移动到第一帧的十字准心的上面，一个网格的距离，设置"缩放率"参数为146，如图10-41所示，然后单击"确定"按钮。

图 10-40 第一个关键帧

图 10-41 最后一个关键帧

07 添加"视频摇动与缩放"滤镜完成,最终预览效果如图 10-42 和图 10-43 所示。

图 10-42 预览效果(1)

图 10-43 预览效果(2)

10.3.4 实战——应用"相机镜头"滤镜

难　度: ☆ ☆ ☆
素材文件: 素材\第10章\10.3.4
效果文件: 无
在线视频: 第10章\10.3.4实战——应用"相机镜头"滤镜.mp4

会声会影2018中,"相机镜头"这个类别中共有14个滤镜效果,如色彩偏移、双色调和马赛克等。

以"单色"滤镜为例,使用该滤镜能够改变视频或图像的整体颜色,美化或修改视频效果。下面介绍应用"单色"滤镜的操作方法。

01 启动会声会影 2018 进入工作界面,用鼠标右键单击视频轨,在弹出的快捷菜单中选择"插入照片"命令,添加图像素材"唯美海滩 .jpg"(素材\第10 章\10.3.4\唯美海滩 .jpg),如图 10-44 所示。

图 10-44 添加素材

02 单击"滤镜"按钮，在"相机镜头"素材库中选择"单色"滤镜，用鼠标左键将它拖到视频轨中的"唯美海滩.jpg"素材上，如图10-45所示。

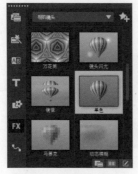

图 10-45 选择滤镜效果

03 用鼠标右键单击视频轨中素材"唯美海滩.jpg"，在弹出的快捷菜单中选择"打开选项面板"命令，在"属性"选项卡中的"预设模式"下拉列表中选择第二个预设模式，如图10-46所示。

图 10-46 选择第二个预设模式

04 添加"单色"滤镜完成，最终预览效果如图10-47和图10-48所示。

图 10-47 预览效果（1）

图 10-48 预览效果（2）

10.3.5 实战——应用CorelFX滤镜 重点

难　度：	☆☆☆☆
素材文件：	素材\第10章\10.3.5
效果文件：	无
在线视频：	第10章\10.3.5实战——应用CorelFX滤镜.mp4

会声会影2018中，"CorelFX"这个类别中共有7个滤镜效果，如FX单色、FX马赛克和FX往内挤压等。这个类别的滤镜是给想要自定义的用户分类出来的，在这个类别中的滤镜大多没有预设模式。

应用"FX速写"滤镜能够让用户自定义速写的效果程度，让视频或图像画面变成笔绘的样子。下面介绍应用"FX速写"滤镜的操作方法。

01 启动会声会影2018进入工作界面，用鼠标右键单击视频轨，在弹出的快捷菜单中选择"插入照片"命令，添加图像素材"静物.jpg"（素材\第10章\10.3.5\静物.jpg），并设置照片区间为10秒，如图10-49所示。

图 10-49 添加素材

02 单击"滤镜"按钮 FX，在"CorelFX"素材库中选择"FX速写"滤镜，用鼠标左键将它拖到视频轨中的"静物.jpg"素材上，如图10-50所示。

图 10-50 选择滤镜效果

如图 10-51 所示。

图 10-51 单击"自定义滤镜"按钮

03 用鼠标右键单击视频轨中素材"静物.jpg"，在弹出的快捷菜单中选择"打开选项面板"命令，在"属性"选项卡中单击"自定义滤镜"按钮，

04 弹出"FX 速写"面板，选择第一个关键帧，设置阀值参数为 76，模式为速写，线条色彩为黑色，如图 10-52 所示。

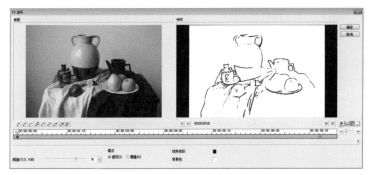

图 10-52 第一个关键帧

05 选择最后一个关键帧，设置阀值参数为 11，模式为速写，线条色彩为黑色，如图 10-53 所示。然后单击"确定"按钮完成设置。

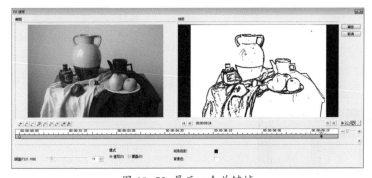

图 10-53 最后一个关键帧

06 添加"FX 速写"滤镜成功，最终预览效果如图 10-54 和图 10-55 所示。

图 10-54 预览效果（1）

图 10-55 预览效果（2）

10.3.6 实战——应用"暗房"滤镜

难　　度：☆☆☆
素材文件：素材\第10章\10.3.6
效果文件：无
在线视频：第10章\10.3.6实战——应用"暗房"滤镜.mp4

在会声会影2018中，"相机镜头"这个类别中共有9个滤镜效果，如自动曝光、自动调配和色彩平衡等。

其中，应用"色调和饱和度"滤镜能够改变视频或画面的色调饱和度，美化调整视频或图像效果。下面介绍应用"色调和饱和度"滤镜的操作方法。

01 启动会声会影 2018 进入工作界面，用鼠标右键单击视频轨，在弹出的快捷菜单中选择"插入照片"命令，添加图像素材"盐湖 .jpg"（素材\第 10 章\10.3.6\ 盐湖 .jpg），如图 10-56 所示。

图 10-56 添加素材

02 单击"滤镜"按钮 **FX**，在"暗房"素材库中选择"色调和饱和度"滤镜，用鼠标左键将它拖到视频轨中的"盐湖 .jpg"素材上，如图 10-57 所示。

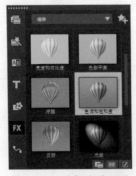

图 10-57 选择滤镜效果

03 用鼠标右键单击视频轨中素材"盐湖 .jpg"，在弹出的快捷菜单中选择"打开选项面板"命令，

在"属性"选项卡中的"预设模式"下拉列表中选择第二个预设模式，如图 10-58 所示。

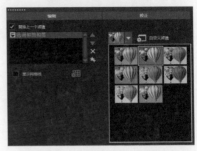

图 10-58 选择第二个预设模式

04 添加"色调和饱和度"滤镜完成，最终预览效果如图 10-59 和图 10-60 所示。

图 10-59 添加前

图 10-60 添加后

10.3.7 实战——应用"焦距"滤镜

难　　度：☆☆☆
素材文件：素材\第10章\10.3.7
效果文件：无
在线视频：第10章\10.3.7实战——应用"焦距"滤镜.mp4

会声会影2018中，"焦距"这个类别中共有3个滤镜效果：平均、模糊和锐利化。其中，应用"锐利化"滤镜能够让视频画面或图像变得更加尖锐，使视频或图像更加真实。下面介绍应用"锐利化"滤镜的操作方法。

01 启动会声会影 2018 进入工作界面，用鼠标右键单击视频轨，在弹出的快捷菜单中选择"插入照片"命令，添加图片素材"黄昏城市.jpg"，如图 10-61 所示。

图 10-61 添加素材

02 单击"滤镜"按钮 FX，在"焦距"素材库中选择"锐利化"滤镜，用鼠标左键将它拖到视频轨中的"黄昏城市.jpg"素材上，如图 10-62 所示。

图 10-62 选择滤镜效果

03 用鼠标右键单击视频轨中素材"黄昏城市.jpg"，在弹出的快捷菜单中选择"打开选项面板"命令，在"属性"选项卡中的"预设模式"下拉列表中选择第三个预设模式，如图 10-63 所示。

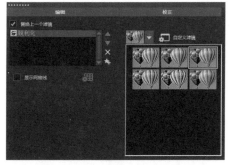

图 10-63 选择第三个预设模式

04 添加"锐利化"滤镜成功，最终预览效果如图 10-64 和图 10-65 所示。

图 10-64 预览效果（1）

图 10-65 预览效果（2）

10.3.8 实战——应用"自然绘图"滤镜

难　　度：☆☆☆
素材文件：素材\第10章\10.3.8
效果文件：无
在线视频：第10章\10.3.8实战——应用"自然绘图"滤镜.mp4

在会声会影2018中，"相机镜头"这个类别中共有7个滤镜效果，如自动草绘、炭笔和彩色笔等。其中，应用"彩色笔"滤镜能够在视频或图像中添加彩色笔效果，美化修整视频或图像。下面介绍应用"彩色笔"滤镜的操作方法。

01 启动会声会影 2018 进入工作界面，用鼠标右键单击视频轨，在弹出的快捷菜单中选择"插入照片"命令，添加图像素材"威尼斯.jpg"（素材\第 10 章\10.3.8\威尼斯.jpg），如图 10-66 所示。

图 10-66 添加素材

02 单击"滤镜"按钮 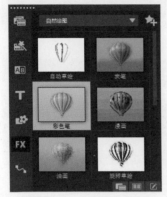，在"自然绘图"素材库中选择"彩色笔"滤镜，用鼠标左键将它拖到视频轨中的"威尼斯.jpg"素材上，如图 10-67 所示。

图 10-67 选择滤镜效果

03 用鼠标右键单击视频轨中素材"威尼斯.jpg"，在弹出的快捷菜单中选择"打开选项面板"命令，在"属性"选项卡中的"预设模式"下拉列表中选择第六个预设模式，如图 10-68 所示。

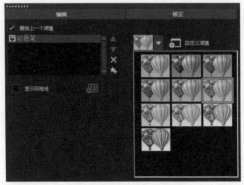

图 10-68 选择第六个预设模式

04 添加"彩色笔"滤镜成功，最终预览效果如图 10-69 和图 10-70 所示。

图 10-69 添加前

图 10-70 添加后

10.3.9 实战——应用"NewBlue 样品特效"滤镜

难　度：☆☆☆	
素材文件：素材\第10章\10.3.9	
效果文件：无	
在线视频：第10章\10.3.9实战——应用"NewBlue 样品特效"滤镜.mp4	

在会声会影2018中，只有正版用户才能使用"NewBlue 样品效果"滤镜类别，这个类别中共有5个滤镜效果，如活动摄像机、喷枪和剪裁外框等。本节将具体介绍如何应用"NewBlue 样品效果"滤镜。

其中，应用"活动摄像机"滤镜能够使为视频或图像添加摇动效果，使得画面效果更加富有生气。下面介绍应用"活动摄像机"滤镜的操作方法。

01 启动会声会影 2018 进入工作界面，用鼠标右键单击视频轨，在弹出的快捷菜单中选择"插入照片"命令，添加图片素材"DJ.jpg"（素材\第 10 章\10.3.9\DJ.jpg），如图 10-71 所示。

图 10-71 图像素材

02 单击"滤镜"按钮，在"NewBlue 样品效果"素材库中选择"活动摄像机"滤镜，用鼠标左键将它拖到视频轨中的"DJ.jpg"素材上，如图 10-72 所示。

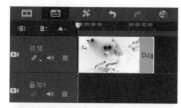

图 10-72 添加滤镜效果

03 用鼠标右键单击视频轨中素材"DJ.jpg"，在弹出的快捷菜单中选择"打开选项面板"命令，在"属性"选项卡中单击"自定义滤镜"按钮，如图 10-73 所示。

图 10-73 单击"自定义滤镜"按钮

04 弹出"NewBlue 活动摄像机"对话框，在对话框的下方选择"疯狂的摇动"效果，如图 10-74 所示。

图 10-74 选择"疯狂的摇动"效果

05 然后单击"确定"按钮，完成设置，返回会声会影工作界面，最终预览效果如图 10-75 所示。

图 10-75 预览效果

10.3.10 实战——应用"特殊"滤镜

难　度：	☆☆☆
素材文件：	素材\第10章\10.3.10
效果文件：	无
在线视频：	第10章\10.3.10实战——应用"特殊"滤镜.mp4

在会声会影2018中，"特殊"这个类别中共有7个滤镜效果，如气泡、云彩和闪电等。其中，应用"云彩"滤镜能够为视频或图像添加迷雾效果，营造一种朦胧仙境。下面介绍应用"云彩"滤镜的操作方法。

01 启动会声会影 2018 进入工作界面，用鼠标右键单击视频轨，在弹出的快捷菜单中选择"插入照片"命令，添加图像素材"绿林 .jpg"（素材\第 10 章\10.3.10\绿林 .jpg），如图 10-76 所示。

图 10-76 添加素材

02 单击"滤镜"按钮，在"特殊"素材库中选择"云彩"滤镜，用鼠标左键将它拖到视频轨中的"绿林 .jpg"素材上，如图 10-77 所示。

图 10-77 选择滤镜效果

03 用鼠标右键单击视频轨中素材"绿林 .jpg"，在弹出的快捷菜单中选择"打开选项面板"命令，

在"属性"选项卡中的"预设模式"下拉列表中
选择第三个预设模式，如图 10-78 所示。

图 10-78 选择第三个预设模式

04 添加"云彩"滤镜成功，最终预览效果如图
10-79 和图 10-80 所示。

图 10-79 预览效果（1）

图 10-80 预览效果（2）

10.4 知识拓展

　　会声会影2018拥有非常多的滤镜效果，用户能够通过滤镜效果来提高制作的视频质量，通过不同的滤镜效果的结合，也能够创造出不同的视觉效果。不过，对于滤镜的使用还是要慎重，如果使用了十分违和的视频滤镜，视频效果会大打折扣。

10.5 拓展训练

| 素材文件：素材\第10章\拓展训练 | 效果文件：素材\第10章\拓展训练 | 在线视频：第10章\拓展训练.mp4 |

　　根据本章所学知识，选择合适的滤镜，在素材中添加一个光点，制作出类似太阳照射所形成的镜头闪光效果，并制成视频，效果如图 10-81所示。

图 10-81 最终效果

第4篇

实战篇

第**11**章

时尚色块转场写真

爱美之心人皆有之，大多数人会在自己青春年少的时候留下属于自己的照片，如自拍照、亲友合照等。通过使用会声会影，可以将照片剪辑组合成一个动态视频。这样不仅能够提高观赏性，还便于保存和对外展示。本章将介绍如何制作一个时尚色块转场写真的视频。

素材文件：素材\第11章\素材文件
效果文件：素材\第11章\效果文件
在线视频：第11章

本章重点

在会声会影中插入素材，为其添加各种滤镜来打造出理想的视觉效果
为制作好的视频添加字幕，解读画面中的元素，传递画面信息
添加合适的音频文件，使影片更加完善

11.1 添加并修整素材

素材是影片的重要组成部分，对素材的精准修整能够直接影响到用户的最终观影体验。下面将详细介绍项目的基本操作，以及素材的基本调整和动画设置。

11.1.1 基本操作

01 启动会声会影 2018，执行"设置"|"参数选择"命令，如图 11-1 所示。

图 11-1 执行命令

02 切换至"编辑"选项卡，设置"默认照片／色彩区间"参数为 5 秒，如图 11-2 所示。然后单击"确定"按钮完成设置。

03 在时间轴视图中，单击"轨道管理器"按钮，在弹出的对话框中，在"覆叠轨"下拉列表中选择"17"选项，如图 11-3 所示。然后单击"确定"按钮完成设置。

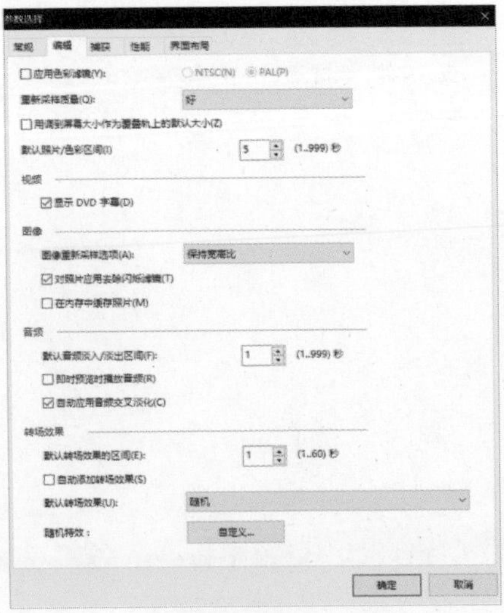

图 11-3 增加覆叠轨

04 在相应的轨道中中插入所有素材（素材\第11章\素材文件\工程），如图 11-4 所示。

图 11-4 插入素材

11.1.2 素材的基本调整与动画设置

1. "亭亭玉立"图像素材处理

01 在时间轴视图中，选择覆叠轨 1 中的"亭亭玉立"的相应图像素材，展开"属性"选项卡，单击面板中的"高级动作"单选按钮，再单击"自定义动作"按钮，如图 11-5 所示。

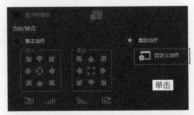

图 11-5 单击"自定义动作"按钮

02 在弹出的对话框中，选择第一个关键帧，设置位置参数为（-140，0），设置大小参数为（110，110），设置旋转参数为（0，0，0），设置阻光度为 100，设置阴影模糊为 15，阴影方向为

图 11-2 设置参数

-40，阴影距离为 10，最后设置边界阻光度为 100，并且添加缓出效果，如图 11-6 所示。

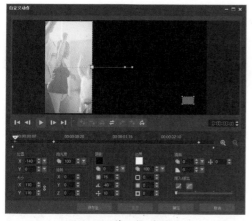

图 11-6 第一个关键帧

03 将滑轨移动至（0:00:00:16）的位置，创建一个关键帧，设置位置参数为（0，0），设置大小参数为（110，110），设置阻光度为 100，设置旋转参数为（0，0，0），设置阻光度为 100，设置阴影模糊为 15，阴影方向为 -40，阴影距离为 10，最后设置边界阻光度为 100，如图 11-7 所示。

图 11-7 添加一个关键帧

04 选择最后一个关键帧，设置位置参数为（9，0），设置大小参数为（110，110），设置旋转参数为（0，0，0），设置阻光度为 100，设置阴影模糊为 15，阴影方向为 -40，阴影距离为 10，最后设置边界阻光度为 100，如图 11-8 所示。然后单击"确定"按钮，完成设置。

图 11-8 最后一个关键帧

2. "仙姿玉色"图像素材处理

01 在时间轴视图中，选择覆叠轨 3 中的"仙姿玉色 .jpg"相关的图像素材，展开"属性"选项卡，单击面板中的"高级动作"单选按钮，再单击"自定义动作"按钮，如图 11-9 所示。

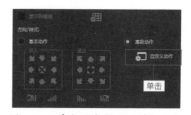

图 11-9 单击"自定义动作"按钮

02 在弹出的对话框中，选择第一个关键帧，设置位置参数为（0，240），设置大小参数为（110，110），设置阴影模糊为 15，阴影方向为 -40，阴影距离为 10，最后设置边界阻光度为 100，并且添加缓出效果，如图 11-10 所示。

图 11-10 第一个关键帧

03 将滑轨移动至（0:00:00:17）的位置，创建一个关键帧，设置位置参数为（0，0），设置大小参数为（110，110），设置阻光度为100，最后设置边界阻光度为100，如图 11-11 所示。

04 选择最后一个关键帧，设置位置参数为（0，-10），设置大小参数为（110，110），最后设置边界阻光度为100，如图 11-12 所示。然后单击"确定"按钮，完成设置。

图 11-11　第二个关键帧

图 11-12　最后一个关键帧

11.2 添加视频特殊效果

本节将具体介绍如何为素材添加滤镜效果和标题字幕，以使视频的视觉效果最优化。

11.2.1 添加滤镜效果

01 在会声会影 2018 工作界面中，单击"滤镜"按钮，在"全部"素材库中，选择"修剪"滤镜，将其拖曳至对应的图像素材上，如图 11-13 所示。

图 11-13　添加滤镜（1）

02 在会声会影工作界面中，单击"滤镜"按钮，在"全部"素材库中，选择"单色"和"修剪"滤镜，将它们拖曳至对应的图像素材上，如图 11-14 所示。

03 在会声会影工作界面中，单击"滤镜"按钮，在"全部"素材库中，选择"单色"滤镜，将其拖曳至对应的图像素材上，如图 11-15 所示。

图 11-14　添加滤镜（2）

图 11-15　添加滤镜（3）

04 执行操作后，单击导航面板中的"播放"按钮，预览视频效果，如图 11-16 和图 11-17 所示。

图 11-16 预览效果（1）

图 11-17 预览效果（2）

11.2.2 添加标题字幕

01 在工作界面中单击"标题"按钮，然后将时间线移至 0 秒处，在覆叠轨 1 处创建一个标题字幕，如图 11-18 所示。

图 11-18 创建标题字幕

02 选中字幕文件，在"编辑"选项卡中设置字体大小为 70，字体为新宋体，颜色为白色，设置为加粗字体，行间距为 80，如图 11-19 所示。

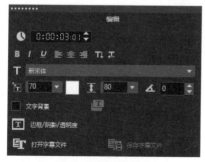

图 11-19 设置字体

03 在工作界面中单击"标题"按钮，然后将时间线移至 3 秒 01 处，在覆叠轨 4 处创建一个标题字幕，如图 11-20 所示。

图 11-20 创建字幕

04 选中字幕文件，在"编辑"选项卡中设置字体大小为 67，字体为幼圆，颜色为白色，设置为加粗字体，行间距为 80，如图 11-21 所示。

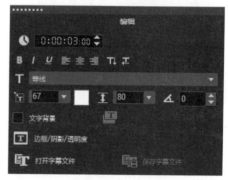

图 11-21 设置字体

05 在工作界面中单击"标题"按钮，然后将时间线移至 56 秒 16 处，在覆叠轨 7 处创建一个标题字幕，如图 11-22 所示。

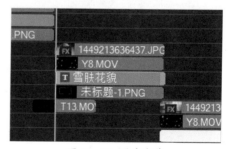

图 11-22 创建字幕

06 选中字幕文件，在"编辑"选项卡中设置字体大小为 67，字体为新宋体，颜色为白色，设置为加粗字体，行间距为 80，如图 11-23 所示。

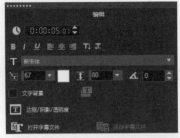

图 11-23 设置字体

07 在工作界面中单击"标题"按钮，然后将时间线移至 47 秒 16 处，在覆叠轨 14 处创建一个标题字幕，如图 11-24 所示。

图 11-24 创建字幕

08 选中字幕文件，在"编辑"选项卡中设置字体大小为 67，字体为新宋体，颜色为白色，设置为加粗字体，行间距为 80，如图 11-25 所示。

图 11-25 设置字体

09 在工作界面中单击"标题"按钮，然后将时间线移至 1 分 33 秒 22 处，在覆叠轨 3 处创建一个标题字幕，如图 11-26 所示。

10 选中字幕文件，在"编辑"选项卡中设置字体大小为 67，字体为新宋体，颜色为白色，设置为加粗字体，行间距为 80，如图 11-27 所示。

图 11-26 创建字幕

图 11-27 设置字体

11 执行上述操作后，单击导航面板中的"播放"按钮，即可预览视频效果，如图 11-28 和图 11-29 所示。

图 11-28 预览效果（1）

图 11-29 预览效果（2）

完成了上述一系列操作后，视频的视觉效果大致已经完成。接下来还需要在项目中添加背景音乐，来渲染视频氛围。最后制作完视频后，利用会声会影将视频输出成影音文件，便于分享和观赏。

11.3.1 添加背景音乐

01 在"媒体"素材库中，单击"显示音频文件"按钮，如图 11-30 所示，显示素材库中的音频文件。

02 在素材库的上方，单击"导入媒体文件"按钮，如图 11-31 所示。

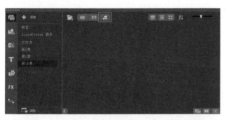

图 11-30 单击"显示音频文件"按钮

图 11-31 单击"导入媒体文件"按钮

03 执行操作后，弹出"浏览媒体文件"对话框，在其中选择需要导入的背景音乐素材（素材\第11 章\素材文件\工程\Missing You.wav），如图 11-32 所示。

图 11-32 "浏览媒体文件"对话框

04 单击"打开"按钮，即可将背景音乐导入素材库中，如图 11-33 所示。

图 11-33 素材库

05 将时间线移至素材的开始位置，在"文件夹"选项卡中选择"Missing You.wav"音频文件，单击并按住鼠标左键将其拖曳至音乐轨中，如图 11-34 所示。

06 双击音乐素材，在"音乐和声音"选项面板中，设置播放区间为 00:01:39:19，并单击"淡出"按钮，如图 11-35 所示。

图 11-34 插入素材

图 11-35 设置音频属性

11.3.2 输出视频文件

01 完成视频制作后，在工作界面的上方单击"共享"标签，切换至"共享"步骤面板，在其中选择 MPEG-4 选项，如图 11-36 所示。

图 11-36 选择MPEG-4选项

02 在右下方面板中，单击"文件位置"右侧的"浏览"按钮，如图 11-37 所示。

图 11-37 单击"浏览"按钮

03 弹出"浏览"对话框，在其中设置文件的保存位置和名称，如图 11-38 所示。

图 11-38 "浏览"对话框

04 单击"保存"按钮，返回会声会影"共享"步骤面板。单击"开始"按钮，开始渲染视频文件，并显示渲染进度，如图 11-39 所示。渲染完成后，即可完成影片文件的渲染输出。

图 11-39 渲染视频

05 刚输出的视频文件会在预览窗口中自动播放，用户可以查看输出的视频画面效果，如图 11-40 和图 11-41 所示。

图 11-40 预览效果（1）

图 11-41 预览效果（2）

唯美浪漫婚礼相册

　　婚礼，是非常神圣纯洁的场合，人一生中总会有一次难忘的婚礼。为了保存这一刻的美好记忆，人们往往会通过拍照或录像的形式将整个过程记录下来。将这些记录下来的照片和视频，通过会声会影进行加工，能够使其变得更加完美，更具有纪念意义。本章将具体介绍如何使用会声会影来制作一款唯美浪漫的婚礼相册。

素材文件：素材\第12章\素材文件
效果文件：素材\第12章\效果文件
在线视频：第12章

本章重点

在会声会影中插入素材，为其添加各种滤镜来打造出理想的视觉效果
为制作好的视频添加字幕，解读画面中的元素，传递画面信息
添加合适的音频文件，使影片更加完善

12.1 添加并修整素材

素材是影片的重要组成部分，对素材的精准修整能够直接影响到用户的最终观影体验。本节将详细介绍项目的基本操作，以及素材的基本调整和动画设置。

12.1.1 基本操作

01 启动会声会影 2018，执行"设置"|"参数选择"命令，如图 12-1 所示。

图 12-1 执行命令

02 切换至"编辑"选项卡，设置"默认照片/色彩区间"参数为 5 秒，如图 12-2 所示，单击"确定"按钮完成设置。

图 12-2 设置参数

03 在时间轴视图中，单击"轨道管理器"按钮，在弹出的对话框中，在"覆叠轨"下拉列表中选择"19"选项，如图 12-3 所示，单击"确定"按钮完成设置。

图 12-3 增加覆叠轨

04 在相应的轨道中插入所有素材（素材\第 12章），如图 12-4 所示。

图 12-4 插入素材

12.1.2 素材的基本调整与动画设置

1. "甜甜蜜蜜"图像素材处理

01 在时间轴视图中，选择覆叠轨 2 中的"甜甜蜜蜜"的相应图像素材，展开"属性"选项卡，单击面板中的"高级动作"单选按钮，然后再单击"自定义动作"按钮，如图 12-5 所示。

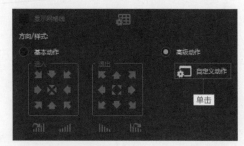

图 12-5 单击"自定义动作"按钮

02 在弹出的对话框中，选择第一个关键帧，设置位置参数为（28，0），设置大小参数为（100，100），设置旋转参数为（0，0，0），设置阻光度为0，设置阴影模糊为15，阴影方向为-40，阴影距离为10，边界模糊淡入100，最后设置边界阻光度为100，如图12-6所示。

03 将滑轨移动至（0:00:00:18）的位置，创建一个关键帧，设置位置参数为（28，0），设置大小参数为（100，100），设置旋转参数为（0，0，0），设置阻光度为0，设置阴影模糊为15，阴影方向为-40，阴影距离为10，边界模糊淡入100，最后设置边界阻光度为100，如图12-7所示。

图 12-6 第一个关键帧

图 12-7 添加一个关键帧

04 选择最后一个关键帧，设置位置参数为（28，0），设置大小参数为（100，100），设置旋转参数为（0，0，0），设置阻光度为100，设置阴影模糊为15，阴影方向为-40，阴影距离为10，边界模糊淡入100，最后设置边界阻光度为100，如图12-8所示。然后单击"确定"按钮，完成设置。

图 12-8 最后一个关键帧

2. "爱心"图像素材处理

01 在时间轴视图中，选择覆叠轨3中的"爱心"相关的图像素材，展开"属性"选项卡，单击面板中的"高级动作"单选按钮，然后再单击"自定义动作"按钮，如图12-9所示。

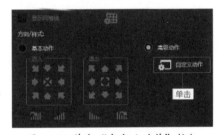

图 12-9 单击"自定义动作"按钮

02 在弹出的对话框中，选择第一个关键帧，设置位置参数为（0，0），设置大小参数为（133，100），设置阴影模糊为15，阴影方向为-40，阴影距离为10，最后设置边界阻光度为100，如所示。

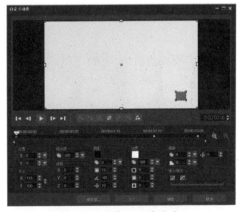

图 12-10 第一个关键帧

03 将滑轨移动至（0:00:02:16）的位置，创建一个关键帧，设置位置参数为（0，0），设置大小参数为（133，100），设置阻光度为100，最后设置边界阻光度为100，如图12-11所示。

04 选择最后一个关键帧，设置位置参数为（0，0），设置大小参数为（133，100），设置阴影模糊为15，阴影方向为-40，阴影距离为10，最后设置边界阻光度为10，如图12-12所示。然后单击"确定"按钮，完成设置。

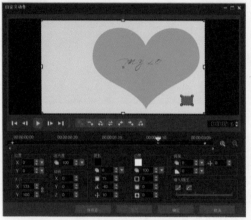

图 12-11 第二个关键帧

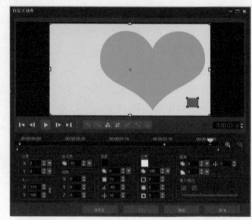

图 12-12 最后一个关键帧

12.2 添加视频特殊效果

本节将具体介绍如何为素材添加滤镜效果和标题字幕，以使视频的视觉效果最优化。

12.2.1 添加滤镜效果

01 在会声会影 2018 工作界面中，单击"滤镜"按钮，在"全部"素材库中，选择"色彩修正增强"滤镜，将其拖曳至对应的图像素材上，如图12-13所示。

在"全部"素材库中，选择"色调""幻影动作"和"单色"滤镜，将它们拖曳至对应的图像素材上，如图 12-14 所示。

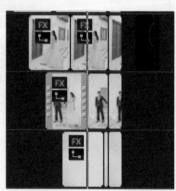

图 12-14 添加滤镜（2）

03 在会声会影工作界面中，单击"滤镜"按钮，在"全部"素材库中，选择"单色"滤镜，将其拖曳至对应的图像素材上，如图12-15所示。

图 12-13 添加滤镜（1）

02 在会声会影工作界面中，单击"滤镜"按钮，

图 12-15 添加滤镜

04 执行操作后，单击导航面板中的"播放"按钮，预览视频效果，如图 12-16 和图 12-17 所示。

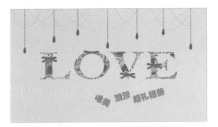

图 12-16 预览效果（1）

图 12-17 预览效果（2）

12.2.2 添加标题字幕

01 在工作界面中单击"标题"按钮，然后将时间线移至 2 秒 19 处，在覆叠轨 15 处创建一个标题字幕，如图 12-18 所示。

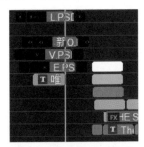

图 12-18 创建标题字幕

02 选中字幕文件，在"编辑"选项卡中设置多个标题，字体大小为 40，字体为新宋体，颜色为肉粉色，行间距为 100，设置按角度旋转 -31，如图 12-19 所示。

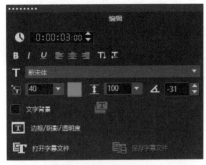

图 12-19 设置字体

03 在工作界面中单击"标题"按钮，然后将时间线移至 56 秒 12 处，在覆叠轨 2 处创建一个标题字幕，如图 12-20 所示。

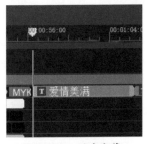

图 12-20 创建字幕

04 选中字幕文件，在"编辑"选项卡中设置字体大小为 60，字体为新宋体，颜色为淡粉色，行间距为 100，如图 12-21 所示。

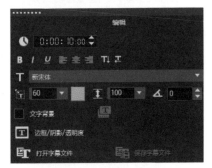

图 12-21 设置字体

05 在工作界面中单击"标题"按钮，然后将时间线移至 14 秒 20 处，在覆叠轨 10 处创建一个标题字幕，如图 12-22 所示。

图 12-22 创建字幕

06 选中字幕文件,在"编辑"选项卡中设置字体大小为 167,字体为新宋体,颜色为淡粉色,行间距为 100,如图 12-23 所示。

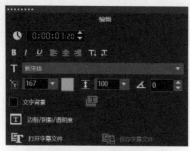

图 12-23 设置字体

07 在工作界面中单击"标题"按钮,然后将时间线移至 25 秒 11 处,在覆叠轨 8 处创建一个标题字幕,如图 12-24 所示。

图 12-24 创建字幕

08 选中字幕文件,在"编辑"选项卡中设置字体大小为 40,字体为新宋体,颜色为青色,行间距为 100,如图 12-25 所示。

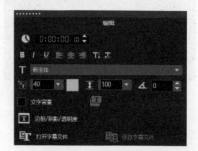

图 12-25 设置字体

09 在工作界面中单击"标题"按钮,然后将时间

线移至 1 分 44 秒 07 处,在覆叠轨 14 处创建一个标题字幕,如图 12-26 所示。

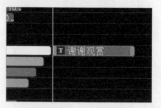

图 12-26 创建字幕

10 选中字幕文件,在"编辑"选项卡中设置字体大小为 100,字体为新宋体,颜色为淡粉色,行间距为 100,如图 12-27 所示。

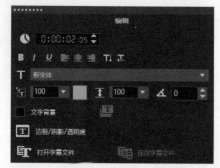

图 12-27 设置字体

11 执行上述操作后,单击导航面板中的"播放"按钮,即可预览视频效果,如图 12-28 和图 12-29 所示。

图 12-28 预览效果(1)

图 12-29 预览效果(2)

完成了上述一系列操作后，视频的视觉效果大致已经完成。接下来还需要在项目中添加背景音乐，来渲染视频氛围。最后制作完视频后，利用会声会影将视频输出成影音文件，便于分享和观赏。

12.3.1 添加背景音乐

01 在"媒体"素材库中，单击"显示音频文件"按钮，如图 12-30 所示，显示素材库中的音频文件。

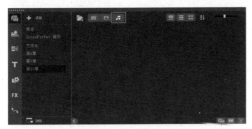

图 12-30 单击"显示音频文件"按钮

02 在素材库的上方，单击"导入媒体文件"按钮，如图 12-31 所示。

图 12-31 单击"导入媒体文件"按钮

03 执行操作后，弹出"浏览媒体文件"对话框，在其中选择需要导入的背景音乐素材（素材\第 12 章\素材文件\Lenka-The Show.mp3），如图 11-32 所示。

图 12-32 "浏览媒体文件"对话框

04 单击"打开"按钮，即可将背景音乐导入素材库中，如图 12-33 所示。

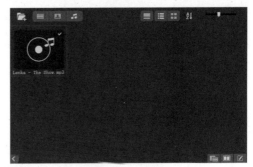

图 12-33 素材库

05 将时间线移至素材的开始位置，在"文件夹"选项卡中选择"The Show.mp3"音频文件，单击并按住鼠标左键将其拖曳至声音轨中，如图 12-34 所示。

图 12-34 插入素材

06 双击音乐素材，在"音乐和声音"选项面板中，设置播放区间为 00:01:48:22，并单击"淡出"按钮，如图 12-35 所示。

图 12-35 设置音频属性

12.3.2 输出视频文件

01 完成视频制作后，在工作界面的上方单击"共享"标签，切换至"共享"步骤面板，在其中选择 MPEG-4 选项，如图 12-36 所示。

图 12-36 选择MPEG-4选项

02 在右下方面板中，单击"文件位置"右侧的"浏览"按钮，如图 12-37 所示。

图 12-37 单击"浏览"按钮

03 弹出"浏览"对话框，在其中设置文件的保存位置和名称，如图 12-38 所示。

04 单击"保存"按钮，返回会声会影"共享"步骤面板。单击"开始"按钮，开始渲染视频文件，并显示渲染进度，如图 12-39 所示。渲染完成后，即可完成影片文件的渲染输出。

05 刚输出的视频文件会在预览窗口中自动播放，用户可以查看输出的视频画面效果，如图 12-40 和图 12-41 所示。

图 12-38 "浏览"对话框

图 12-39 渲染视频

图 12-40 预览效果（1）

图 12-41 预览效果（2）

第 **13** 章

吃货的美食日记

吃遍美食是每一个吃货的梦想，美食不仅仅是餐桌上的食物，还包括休闲零食、饼干、糖果、蜜饯、肉制食品、茶饮冲泡等制品。它们各具风味，都可称之为美食。在吃货的世界里，自己喜欢吃的，统统都是美食。吃，便是吃货最大的梦想。本章将具体介绍如何使用会声会影制作一款"吃货的美食日记"视频。

素材文件：素材\第13章\素材文件
效果文件：素材\第13章\效果文件
在线视频：第13章

本章重点

在会声会影中插入素材，为其添加各种滤镜来打造出理想的视觉效果
为制作好的视频添加字幕，解读画面中的元素，传递画面信息
添加合适的音频文件，使影片更加完善

13.1 添加并修整素材

素材是影片的重要组成部分，对素材的精准修整能够直接影响到用户的最终观影体验。本节将详细介绍项目的基本操作，以及素材的基本调整和动画设置。

13.1.1 基本操作

01 启动会声会影 2018，执行"设置"|"参数选择"命令，如图 13-1 所示。

图 13-1 执行命令

02 切换至"编辑"选项卡，设置"默认照片/色彩区间"参数为 5 秒，如图 13-2 所示。然后单击"确定"按钮完成设置。

图 13-2 设置参数

03 在时间轴视图中，单击"轨道管理器"按钮，在弹出的对话框中，在"覆叠轨"下拉列表中选择"15"选项，如图 13-3 所示。然后单击"确定"按钮完成设置。

图 13-3 增加覆叠轨

04 在相应的轨道中中插入所有素材（素材\第13章\素材文件\素材），如图 13-4所示。

图 13-4 插入素材

13.1.2 素材的基本调整与动画设置

1. 全麦面包图像素材处理

01 在时间轴视图中，选择覆叠轨 2 中的全麦面包图像素材，展开"属性"选项卡，单击面板中的"高级动作"单选按钮，然后再单击"自定义动作"按钮，如图 13-5 所示。

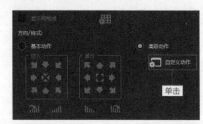

图 13-5 单击"自定义动作"按钮

02 在弹出的对话框中，选择第一个关键帧，设置位置参数为(-66,-200)，设置大小参数为(100,100)，设置旋转参数为(0,0,0)，设置阻光度为 100，设置阴影模糊为 15，阴影方向为 -40，阴影距离为 10，最后设置边界阻光度为100，并且添加缓出效果，如图 13-6 所示。

03 将滑轨移动至（0:00:00:15）的位置，创建一个关键帧，设置位置参数为（-66，0），设置大小参数为（100，100），设置阻光度为100，设置旋转参数为（0，0，0），设置阴影模糊为15，阴影方向为 -40，阴影距离为 10，最后设置边界阻光度为 100，如图 13-7 所示。

212

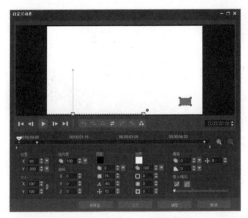

图 13-6 第一个关键帧

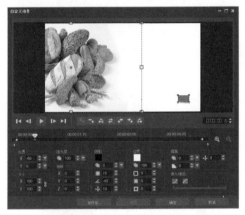

图 13-7 添加一个关键帧

04 选择最后一个关键帧，设置位置参数为（-66，0），设置大小参数为（100，100），设置阻光度为 100，设置旋转参数为（0，0，0），设置阴影模糊为 15，阴影方向为 -40，阴影距离为 10，最后设置边界阻光度为 100，如图 13-8 所示。然后单击"确定"按钮，完成设置。

图 13-8 最后一个关键帧

2. 巧克力蛋糕图像素材处理

01 在时间轴视图中，选择覆叠轨 2 中的巧克力蛋糕图像素材，展开"属性"选项卡，单击面板中的"高级动作"单选按钮，然后再单击"自定义动作"按钮，如图 13-9 所示。

图 13-9 单击"自定义动作"按钮

02 在弹出的对话框中，选择第一个关键帧，设置位置参数为（-73，0），设置大小参数为（100，100），设置阴影模糊为 15，阴影方向为 -40，阴影距离为 10，最后设置边界阻光度为 100，并且添加缓入效果，如图 13-10 所示。

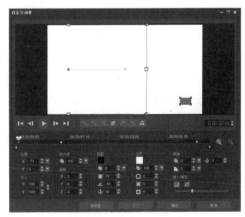

图 13-10 第一个关键帧

03 将滑轨移动至（0:00:01:09）的位置，创建一个关键帧，设置位置参数为（0，0），设置大小参数为（100，100），设置阻光度为 100，最后设置边界阻光度为 100，如图 13-11 所示。

04 选择最后一个关键帧，设置位置参数为（0，0），设置大小参数为（100，100），设置阻光度为 100，最后设置边界阻光度为 100，如图 13-12 所示。然后单击"确定"按钮，完成设置。

图 13-11 第二个关键帧

图 13-12 最后一个关键帧

13.2 添加视频特殊效果

本节将具体介绍如何为素材添加滤镜效果和标题字幕，使视频的视觉效果最大化。

13.2.1 添加滤镜效果

01 在会声会影 2018 工作界面中，单击"滤镜"按钮，在"全部"素材库中，选择"修剪"滤镜，将其拖曳至对应的图像素材上，如图 13-13 所示。

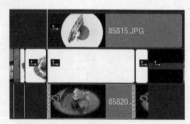

图 13-13 添加滤镜（1）

02 在会声会影工作界面中，单击"滤镜"按钮，在"全部"素材库中，选择"单色"和"修剪"滤镜，将它们拖曳至对应的图像素材上，如图 13-14 所示。

图 13-14 添加滤镜（2）

03 在会声会影工作界面中，单击"滤镜"按钮，在"全部"素材库中，选择"单色"滤镜，将其拖曳至对应的图像素材上，如图 13-15 所示。

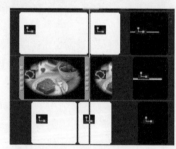

图 13-15 添加滤镜（3）

04 执行操作后，单击导航面板中的"播放"按钮，预览视频效果，如图 13-16 和图 13-17 所示。

图 13-16 预览效果（1）

图 13-17 预览效果（2）

13.2.2 添加标题字幕

图 13-19 设置字体

01 在工作界面中单击"标题"按钮，然后将时间线移至 1 分 15 秒 08 处，在覆叠轨 10 处创建一个标题字幕，如图 13-18 所示。

图 13-18 创建标题字幕

02 选中字幕文件，在"编辑"选项卡中设置字体为黑体，颜色为灰色，设置为加粗字体，行间距为 100，如图 13-19 所示。

03 执行上述操作后，单击导航面板中的"播放"按钮，即可预览视频效果，如图 13-20 和图 13-21 所示。

图 13-20 预览效果（1）

图 13-21 预览效果（2）

13.3 后期制作

完成了上述一系列操作后，视频的视觉效果大致已经完成。接下来还需要在项目中添加背景音乐，来渲染视频氛围。最后制作完视频后，利用会声会影将视频输出成影音文件，便于分享和观赏。

13.3.1 添加背景音乐

01 在"媒体"素材库中，单击"显示音频文件"按钮，如图 13-22 所示，显示素材库中的音频文件。

02 在素材库的上方，单击"导入媒体文件"按钮，如图 13-23 所示。

图 13-22 单击"显示音频文件"按钮

图 13-23 单击"导入媒体文件"按钮

03 执行操作后，弹出"浏览媒体文件"对话框，在其中选择需要导入的背景音乐素材（素材\第13章\素材文件），如图 13-24 所示。

04 单击"打开"按钮，即可将背景音乐导入素材库中，如图 13-25 所示。

图 13-24 "浏览媒体文件"对话框

图 13-25 素材库

05 将时间线移至素材的开始位置，在"文件夹"选项卡中选择相应的音频文件，单击并按住鼠标左键将其拖曳至声音轨中，如图 13-26 所示。

06 双击音乐素材，在"音乐和声音"选项面板中，设置播放区间为 00:01:13:05，并单击"淡出"按钮，如图 13-27 所示。

图 13-26 插入素材

图 13-27 设置音频属性

13.3.2 输出视频文件

01 完成视频制作后，在工作界面的上方单击"共享"标签，切换至"共享"步骤面板，在其中选择 MPEG-4 选项，如图 13-28 所示。

图 13-28 选择MPEG-4选项

02 在右下方面板中，单击"文件位置"右侧的"浏览"按钮，如图 13-29 所示。

图 13-29 单击"浏览"按钮

03 弹出"浏览"对话框，在其中设置文件的保存位置和名称，如图 13-30 所示。

图 13-30 "浏览"对话框

04 单击"保存"按钮，返回会声会影"共享"步骤面板。单击"开始"按钮，开始渲染视频文件，并显示渲染进度，如图 13-31 所示。渲染完成后，即可完成影片文件的渲染输出。

图 13-31 渲染视频

05 刚输出的视频文件会在预览窗口中自动播放，用户可以查看输出的视频画面效果，如图 13-32 和图 13-33 所示。

图 13-32 预览效果（1）

图 13-33 预览效果（2）

第 **14** 章

典雅中国风电影片头

每个视频的都会有个片头，一个好的片头能够吸引观众的目光，增强趣味性和观赏性。在制作中国风视频时，可以融入中国特有的水墨元素，这样能够凸显地域特色，让观众眼前一亮。一个优良的片头应该是简单的，过于烦琐的片头反而会影响观影体验。本章将具体讲解如何利用会声会影制作一款典雅中国风电影片头。

素材文件：素材\第14章\素材文件

效果文件：素材\第14章\效果文件

在线视频：第14章

本章重点

在会声会影中插入素材，为其添加各种滤镜来打造出理想的视觉效果

为制作好的视频添加字幕，解读画面中的元素，传递画面信息

添加合适的音频文件，使影片更加完善

14.1 添加并修整素材

素材是影片的重要组成部分，对素材的精准修整能够直接影响到用户的最终观影体验。本节将详细介绍项目的基本操作，以及素材的基本调整和动画设置。

14.1.1 基本操作

01 启动会声会影 2018，执行"设置"|"参数选择"命令，如图 14-1 所示。

图 14-1 执行命令

02 切换至"编辑"选项卡，设置"默认照片 / 色彩区间"参数为 5 秒，如图 14-2 所示。然后单击"确定"按钮完成设置。

图 14-2 设置参数

03 在时间轴视图中，单击"轨道管理器"按钮，在弹出的对话框中，在"覆叠轨"下拉列表中选择"7"选项，如图 14-3 所示。然后单击"确定"按钮完成设置。

04 在相应的轨道中中插入所有素材（素材 \ 第

14 章 \ 素材文件 \ 工程 ），如图 14-4所示。

图 14-3 增加覆叠轨

图 14-4 插入所有素材

14.1.2 素材的基本调整与动画设置

1. 主视频素材处理

01 在时间轴视图中，在视频轨处右键单击，在弹出的快捷菜单中选择"插入视频"选项，如图 14-5 所示。

图 14-5 单击"插入视频"选项

02 在弹出的"打开视频文件"对话框中，找到"AE制作特效背景 .mp4"视频文件，然后单击"打开"按钮，如图 14-6 所示。

图 14-6　选择视频文件

03 执行上述操作后，即可将视频文件添加至视频轨中。单击"播放"按钮，进行预览，效果如图 14-7 所示。

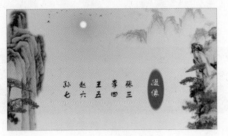

图 14-7　预览效果

2. 红色色块图像素材处理

01 在会声会影 2018 界面中，单击"图形"按钮，进入"色彩模式"选项面板，如图 14-8 所示。

图 14-8　"色彩模式"选项面板

02 在选项面板中，单击上方选择框，选择"色彩"指令，切换到"色彩"选项面板，如图 14-9 所示。

图 14-9　"色彩"选项面板

03 在选项面板中，选择红色色彩板，将其拖入指定位置，如图 14-10 所示。

图 14-10　将红色色彩板拖入指定位置

14.2　添加视频特殊效果

本节将具体介绍如何为素材添加滤镜效果和标题字幕，以使视频的视觉效果最优化。

14.2.1　添加滤镜效果

01 在会声会影 2018 工作界面中，单击"滤镜"按钮，在"全部"素材库中，选择"修剪"滤镜，将其拖曳至对应的图像素材上，如图 14-11 所示。

02 在会声会影工作界面中，单击"滤镜"按钮，在"全部"素材库中，选择"双色调"滤镜，将它们拖曳至对应的图像素材上，如图 14-12 所示。

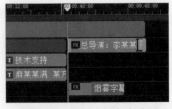

图 14-11　添加滤镜（1）

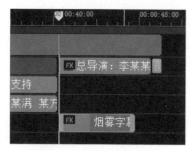

图 14-12 添加滤镜（2）

03 执行操作后，单击导航面板中的"播放"按钮，预览视频效果，如图 14-13 和图 14-14 所示。

图 14-13 预览效果（1）

图 14-14 预览效果（2）

14.2.2 添加标题字幕

01 在工作界面中单击"标题"按钮，然后将时间线移至 0 秒处，在覆叠轨 2 处创建一个标题字幕，如图 14-15 所示。

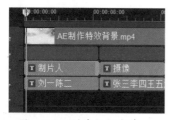

图 14-15 创建标题字幕

02 选中字幕文件，在"编辑"选项卡中设置字体大小为 57，字体为新宋体，颜色为白色，设置为居中字体，并且将文字方向改为"将文字方向改

为垂直"选项，行间距为 140，如图 14-16 所示。

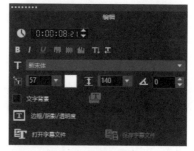

图 14-16 设置字体

03 在工作界面中单击"标题"按钮，然后将时间线移至 0 秒处，在覆叠轨 3 处创建一个标题字幕，如图 14-17 所示。

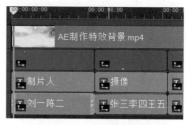

图 14-17 创建字幕

04 选中字幕文件，在"编辑"选项卡中设置字体大小为 57，字体为方正舒体，颜色为黑色，设置为居中字体，并且将文字方向改为"将文字方向改为垂直"选项，行间距为 140，如图 14-18 所示。

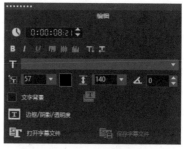

图 14-18 设置字体

05 在工作界面中单击"标题"按钮，然后将时间线移至 24 秒 12 处，在覆叠轨 5 处创建一个标题字幕，如图 14-19 所示。

06 选中字幕文件，在"编辑"选项卡中设置字体大小为 55，字体为新宋体，颜色为白色，设置为居中字体，并且将文字方向改为"将文字方向改为垂直"选项，行间距为 120，如图 14-20 所示。

图 14-19 创建字幕

图 14-20 设置字体

07 在工作界面中单击"标题"按钮，然后将时间线移至24秒12处，在覆叠轨6处创建一个标题字幕，如图14-21所示。

图 14-21 创建字幕

08 选中字幕文件，在"编辑"选项卡中设置字体大小为53，字体为方正舒体，颜色为黑色，设置为居中字体，并且将文字方向改为"将文字方向改为垂直"选项，行间距为140，如图14-22所示。

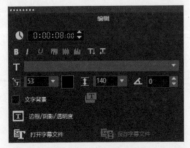

图 14-22 设置字体

09 在工作界面中单击"标题"按钮，然后将时间线移至40秒14处，在覆叠轨1处创建一个标题字幕，如图14-23所示。

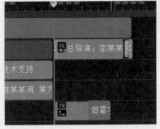

图 14-23 创建字幕

10 选中字幕文件，在"编辑"选项卡中设置字体大小为65，字体为新宋体，颜色为黑色，设置为加粗字体，行间距为140，如图14-24所示。

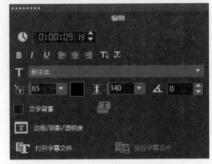

图 14-24 设置字体

11 执行上述操作后，单击导航面板中的"播放"按钮，即可预览视频效果，如图14-25和图14-26所示。

图 14-25 预览效果（1）

图 14-26 预览效果（2）

完成了上述一系列操作后，视频的视觉效果大致已经完成。接下来还需要在项目中添加背景音乐，来渲染视频氛围。最后制作完视频后，利用会声会影将视频输出成影音文件，便于分享和观赏。

14.3.1 添加背景音乐

01 在"媒体"素材库中，单击"显示音频文件"按钮，如图 14-27 所示，显示素材库中的音频文件。

图 14-27 单击"显示音频文件"按钮

02 在素材库的上方，单击"导入媒体文件"按钮，如图 14-28 所示。

图 14-28 单击"导入媒体文件"按钮

03 执行操作后，弹出"浏览媒体文件"对话框，在其中选择需要导入的背景音乐素材（素材\第 14 章\素材文件\工程\音频 wav），如图 14-29 所示。

图 14-29 "浏览媒体文件"对话框

04 单击"打开"按钮，即可将背景音乐导入素材库中，如图 14-30 所示。

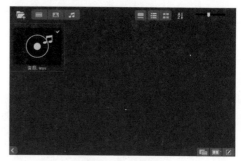

图 14-30 素材库

05 将时间线移至素材的开始位置，在"文件夹"选项卡中选择"音频 .wav"音频文件，单击并按住鼠标左键将其拖曳至声音轨中，如图 14-31 所示。

图 14-31 插入素材

06 双击音乐素材，在"音乐和声音"选项面板中，设置播放区间为 00:00:50:08，如图 14-32 所示。

图 14-32 设置音频属性

14.3.2 输出视频文件

01 完成视频制作后，在工作界面的上方单击"共享"标签，切换至"共享"步骤面板，在其中选择 MPEG-4 选项，如图 14-33 所示。

图 14-33 选择MPEG-4选项

02 在右下方面板中，单击"文件位置"右侧的"浏览"按钮，如图 14-34 所示。

图 14-34 单击"浏览"按钮

03 弹出"浏览"对话框，在其中设置文件的保存位置和名称，如图 14-35 所示。

图 14-35 "浏览"对话框

04 单击"保存"按钮，返回会声会影"共享"步骤面板。单击"开始"按钮，开始渲染视频文件，并显示渲染进度，如图 14-36 所示。渲染完成后，即可完成影片文件的渲染输出。

图 14-36 渲染视频

05 刚输出的视频文件会在预览窗口中自动播放，用户可以查看输出的视频画面效果，如图 14-37 和图 14-38 所示。

图 14-37 预览效果（1）

图 14-38 预览效果（2）